Peter Rojek

# BAHNFÜHRUNG EINES INDUSTRIEROBOTERS MIT MULTIPROZESSORSYSTEM

# FORTSCHRITTE DER ROBOTIK
## Herausgegeben von Walter Ameling

Band 1: H. Henrichfreise
**Aktive Schwingungsdämpfung an einem elastischen Knickarmroboter**

Band 2: W. Rehr (Hrsg.)
**Automatisierung mit Industrierobotern**

Band 3: Peter Rojek
**Bahnführung eines Industrieroboters mit Multiprozessorsystem**

Exposés oder Manuskripte zur Beratung erbeten unter der Adresse:
Prof. Dr.-Ing. Walter Ameling, Rogowski-Institut für Elektrotechnik der RWTH Aachen, Schinkelstr. 2, 51 Aachen oder an den Verlag Vieweg, Postfach 5829, 6200 Wiesbaden.

Fortschritte der Robotik 3

Peter Rojek

# BAHNFÜHRUNG EINES INDUSTRIEROBOTERS MIT MULTIPROZESSORSYSTEM

Friedr. Vieweg & Sohn Braunschweig / Wiesbaden

Dr. *Peter Rojek* promovierte an der TU Braunschweig am Institut für Regelungstechnik und war danach am Institut für Angewandte Mikroelektronik in Braunschweig tätig. Sein derzeitiges Arbeitsgebiet ist die Fertigungsautomatisierung bei Hoechst.

Der Verlag Vieweg ist ein Unternehmen der Verlagsgruppe Bertelsmann.

Umschlaggestaltung: Wolfgang Nieger, Wiesbaden
Druck und buchbinderische Verarbeitung: Lengericher Handelsdruckerei, Lengerich
Printed in Germany

ISBN 3-528-06366-1

# Vorwort

Die vorliegende Arbeit entstand während meiner Tätigkeit am Institut für Regelungstechnik der Technischen Universität Braunschweig. Sie wurde durch die Deutsche Forschungsgemeinschaft im Rahmen des Schwerpunktprogramms „Neue Systeme der elektromechanischen Energiewandlung" gefördert.

Mein besonderer Dank gilt Herrn Prof. Dr.-Ing. W. Leonhard, dem Leiter des Instituts, der diese Arbeit anregte und förderte.

Für die Übernahme der Mitberichterstattung danke ich Herrn Prof. Dr. rer. nat. E. Brommundt.

Meinen Kollegen und allen Mitarbeitern des Instituts danke ich für ihre Unterstützung und ihre konstruktive Zusammenarbeit. Ebenso danke ich allen Studenten, die durch ihre Studien- und Diplomarbeiten zum Gelingen dieser Arbeit beigetragen haben.

Schließlich danke ich der Volkswagen AG für die Unterstützung des Forschungsvorhabens durch leihweise Bereitstellung eines Roboters Typ G60.

# Inhaltsverzeichnis

## Verwendete Formelzeichen

| | |
|---|---|
| $\underline{\ }$ | Kennzeichnung eines Vektors |
| $\overline{\ }$ | Kennzeichnung einer Strecke |
| $\dot{\ }$ | Kennzeichnung einer zeitlichen Ableitung |
| $T$ | Kennzeichnung einer transponierten Matrix (oder Vektor) |
| $\sim$ | Kennzeichnung eines homogenen Vektors |
| $\partial$ | Symbol für partielle Differentiation |
| | |
| $a = dv/dt$ | translatorische Beschleuniung |
| $a, b, c$ | Strecken |
| $e$ | Fehler |
| $f$ | Frequenz |
| $g$ | Erdbeschleunigung |
| $i$ | Strom |
| $\underline{i}, \underline{j}, \underline{k}$ | Einheitsvektoren |
| $l$ | Länge |
| $m$ | Drehmoment |
| $n$ | Anzahl der Stützwerte bei Spline-Interpolation |
| $\underline{p}$ | Ortsvektor |
| $q, \dot{q}$ | generalisierte Koordinaten |
| $\underline{r}$ | Ortsvektor |
| $r$ | Radius (Zylinderkoordinaten) |
| $r = da/dt$ | Beschleunigungsanstieg (Ruck) |
| $s$ | komplexe Frequenzvariable |
| $s$ | Weg |
| $t$ | Zeit |
| $u$ | Bahnparameter |
| $ü$ | Übersetzungsverhältnis bei Getrieben |
| $v = ds/dt, \underline{v}$ | translatorische Geschwindigkeit |
| $x, y, z$ | kartesische Koordinaten (Raumkoordinaten) |
| $\underline{x}, \underline{y}, \underline{z}$ | Koordinatenachsen |

| | |
|---|---|
| A, B, C | Koeffizienten |
| $\underline{D}$ | Denavit-Hartenberg-Transformationsmatrix |
| F | Übertragungsfunktion |
| G | Gravitationsmoment |
| K | Koordinatensystem |
| L | Lagrange-Funktion |
| N | Wichtungsfaktor (Spline-Interpolation) |
| M | Masse |
| P | Punkt |
| P | Nennleistung |
| $\underline{R}$ | Rotationsmatrix |
| $\underline{S}$ | Schwerpunkt |
| S | Federsteifigkeit |
| T | Zeitkonstante |
| T | kinetische Energie |
| $\underline{T}$ | homogene Transformations-Matrix |
| $\underline{X}$ | Vektordarstellung der kartesischen Position der Roboterhand |
| V | potentielle Energie |
| Z | Koeffizient (Zentrifugalmoment) |

Griechische Formelzeichen

| | |
|---|---|
| $\alpha$, $\beta$, $\gamma$ | Hilfswinkel |
| $\partial$ | Symbol für partielle Differentiation |
| $\varepsilon$ | mechanischer Drehwinkel |
| $\Delta$ | Differenz |
| $\Theta$ | Drehträgheitsmoment |
| $\Phi,\Theta,\Psi$ | Eulersche Winkel |
| $\pi$ | Kreiszahl |
| $\omega = d\varepsilon/dt$ | Winkelgeschwindigkeit |
| $\dot{\omega} = d\omega/dt$ | Winkelbeschleunigung |

## Indizes

| | |
|---|---|
| 0 | Basis-Koordinaten |
| 1...6 | u.a. Achsen des Roboters |
| 31, 32 | Kennzeichnung von Abmessungen am G60 (Achse 3) |
| AB | Abtrieb |
| AN | Antrieb |
| E | Euler |
| GES | gesamt |
| K | Ordnung (Spline-Interpolation) |
| L | Handhabungslast |
| MAX | maximal |
| MESS | gemessen, Meßgröße |
| PNEU | pneumatisch |
| R | Reibung |
| RECH | errechnet |
| ROT | rotatorisch |
| S | Schwerpunkt |
| SOLL | Sollwert |
| TRANS | translatorisch |
| x, y, z | Richtung |
| ZIEL | Ziel |
| | |
| $\mu$, $\nu$ | Index, allgemein |

## Definition von Arcustangens- und Arcuscosinus-Funktion

Der Wertebereich der Arcustangens-Funktion $\varepsilon = \arctan(z/n)$ beträgt normalerweise $-90° < \varepsilon < 90°$. Sind aber bei der Berechnung der Arcustangens-Funktion Zähler und Nenner des Arguments bekannt, so ist anhand ihrer Vorzeichen zu entscheiden, ob der Betrag des resultierenden Winkels größer als 90° ist, d.h. der Wertebereich wird um die Bereiche $-180° \leq \varepsilon < -90°$ und $90° < \varepsilon \leq 180°$ erweitert.

Der Wertebereich der Arcuscosinus-Funktion $\varepsilon = \arccos(z/n)$ beträgt $0° \leq \varepsilon \leq 180°$.

## Übersicht

Hochwertige Bahnsteuerungen für Gelenkarmroboter erfordern eine aufwendige Führungsgrößenverarbeitung in Verbindung mit schneller Koordinatentransformation, wenn im kartesischen Bezugs-Koordinatensystem vorgegebene Trajektorien bei minimalem dynamischen Bahnfehler eingehalten werden sollen. Der Mehrmotorenantrieb eines Industrieroboters verkörpert ein komplexes Mehrgrößenregelsystem mit nichtlinearen Wechselwirkungen, so daß digitale Regelverfahren besondere Vorteile bieten. Elastizitäten, die z.B. in den Getrieben auftreten, verursachen Schwingungen, die über die Stellantriebe aktiv zu dämpfen sind oder deren Anregung von vornherein durch eine geeignete Gestaltung der Führungsgrößen zu vermeiden ist.

Ein quasistetiges Verhalten der digitalen Roboterregelung läßt sich nur erzielen, wenn sämtliche Algorithmen im Takt der Abtastregelung, d.h. in etwa einer Millisekunde, berechnet werden. Für die Bereitstellung der benötigten Rechenleistung wurde ein Multiprozessorsystem mit Signalprozessoren entworfen und aufgebaut.

Eine praktische Erprobung von Rechner und Regelverfahren erfolgte an einem sechsachsigen Gelenkarmroboter und in Verbindung mit einem speziell entwickelten Echtzeit-Simulator für Roboter.

# 1. Einführung

## 1.1 Stand der Technik

In den letzten Jahren hat die Verbreitung frei programmierbarer Handhabungssysteme stark zugenommen, und eine industrielle Fertigung ohne Industrieroboter ist in der heutigen Zeit nicht mehr denkbar. Gegenwärtig sind in der Bundesrepublik etwa 10000 Roboter im Einsatz, davon 65% allein in der Automobilindustrie. Grund für diese Entwicklung ist die wachsende Leistungsfähigkeit der Handhabungsgeräte, insbesondere der zugehörigen Steuerungen. Das zeigt sich auch bei der Erschließung neuer Einsatzgebiete: neben der klassischen Aufgabe des Punktschweißens werden Roboter zunehmend für Aufgaben mit höheren Anforderungen an Genauigkeit und Dynamik, z.B. Montagevorgänge oder Kleberauftrag, verwendet.

Universell einsetzbare Industrieroboter sind als mehrachsige Gelenkarmgeräte ausgeführt und verfügen je Achse über einen eigenständigen, zumeist elektrischen Antrieb. Sie sind häufig mit sechs Bewegungsachsen (Bild 1.1) ausgestattet, damit sie in ihrem Arbeitsbereich ein Werkstück oder ein Werkzeug an jedem beliebigen Punkt (3 Freiheitsgrade) mit jeder beliebigen räumlichen Orientierung (weitere 3 Freiheitsgrade) positionieren können.

Eine digitale Steuerung (meistens ein Mehrprozessorsystem) übernimmt die Umsetzung der Benutzer-Befehle in eine entsprechende Ansteuerung der Gelenkantriebe des Handhabungsgerätes. Unterstützt wird das System durch innere und zunehmend auch durch äußere Sensoren. Unter inneren Sensoren sind dabei Aufnehmer für Lage, Geschwindigkeit und Nullstellung der einzelnen Antriebe zu verstehen, die unmittelbar für die kontrollierte Positionierung bzw. Bewegung des Manipulators erforderlich sind. Äußere Sensoren (insbesondere optische und taktile Sensoren) erlauben darüber hinaus, mit dem Umfeld des Roboters in Wechselwirkung zu treten, und gewinnen an Bedeutung.

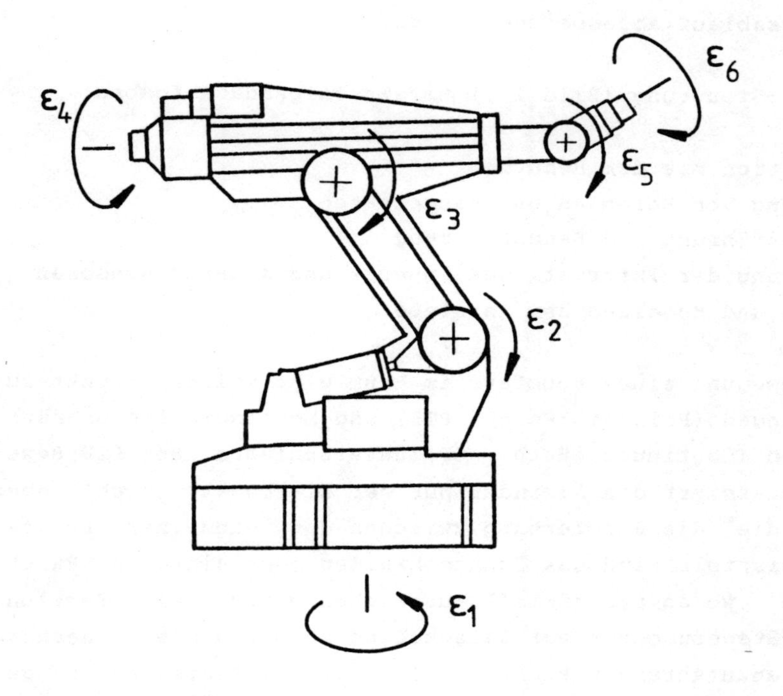


<u>Bild 1.1:</u> VW-Industrieroboter G60

Der Benutzer programmiert eine Robotersteuerung durch Vorgabe einer Folge von anzusteuernden Punkten, abzufahrenden Bahnen und Punkten, an denen bestimmte Funktionen auszuführen sind (z.B. Greifer öffnen/schließen oder Schweißvorrichtung ein-/ausschalten). Hilfreich sind dabei roboterspezifische Programmiersprachen mit einem auf Anwendungsfälle abgestimmten Befehlssatz. Beim sogenannten "Teach-in" wird der Roboter mittels einer handlichen Tastatur durch seine eigenen Antriebe bewegt, wobei gleichzeitig der Bewegungsablauf abgespeichert wird.

Eine Roboter-Steuerung (Bild 1.2) umfaßt folgende Aufgaben:

- Kommunikation mit dem Benutzer
- Speicherung von Befehlen und Raumpunkten
- Befehlsausführung und Bahnsteuerung
- Verarbeitung der Informationen innerer und äußerer Sensoren
- Steuerung und Regelung der Antriebe

Bei einer Bewegung eines Roboters im Raum wird zwischen Punkt-zu-Punkt-Bewegungen (Point-to-Point, PTP) und kontinuierlichen räumlichen Bahnen (Continuous Path, CP) unterschieden. Bei PTP-Bewegungen interessiert den Anwender nur der Zielpunkt, nicht aber die Bahn, die die Roboterhand zwischen den einzelnen Punkten abfährt. Beispiele sind das Punktschweißen oder einfache Palettieraufgaben, wo es prinzipiell ausreichen würde, eine Regelung für die PTP-Steuerung nur auf Gelenkebene zu betrachten, nachdem zuvor die anzufahrenden Punkte offline von kartesischen in gelenkbezogene Koordinaten transformiert wurden.

Bei hochwertigen Bahnsteuerungen (Bahnschweißen, Kleberauftrag oder Konturfräsen) ist der Bewegungsablauf zu jedem Zeitpunkt in Raumkoordinaten vorgeschrieben. Deshalb ist eine Bahnplanung und kontinuierliche Bahnberechnung in kartesischen Koordinaten erforderlich. Mit Hilfe einer arithmetisch schwierigen Koordinatentransformation, der sogenannten Rück-Transformation, ist die in kartesischen Koordinaten vorliegende Sollposition der Roboterhand in die entsprechenden Soll-Gelenkstellungen umzurechnen.

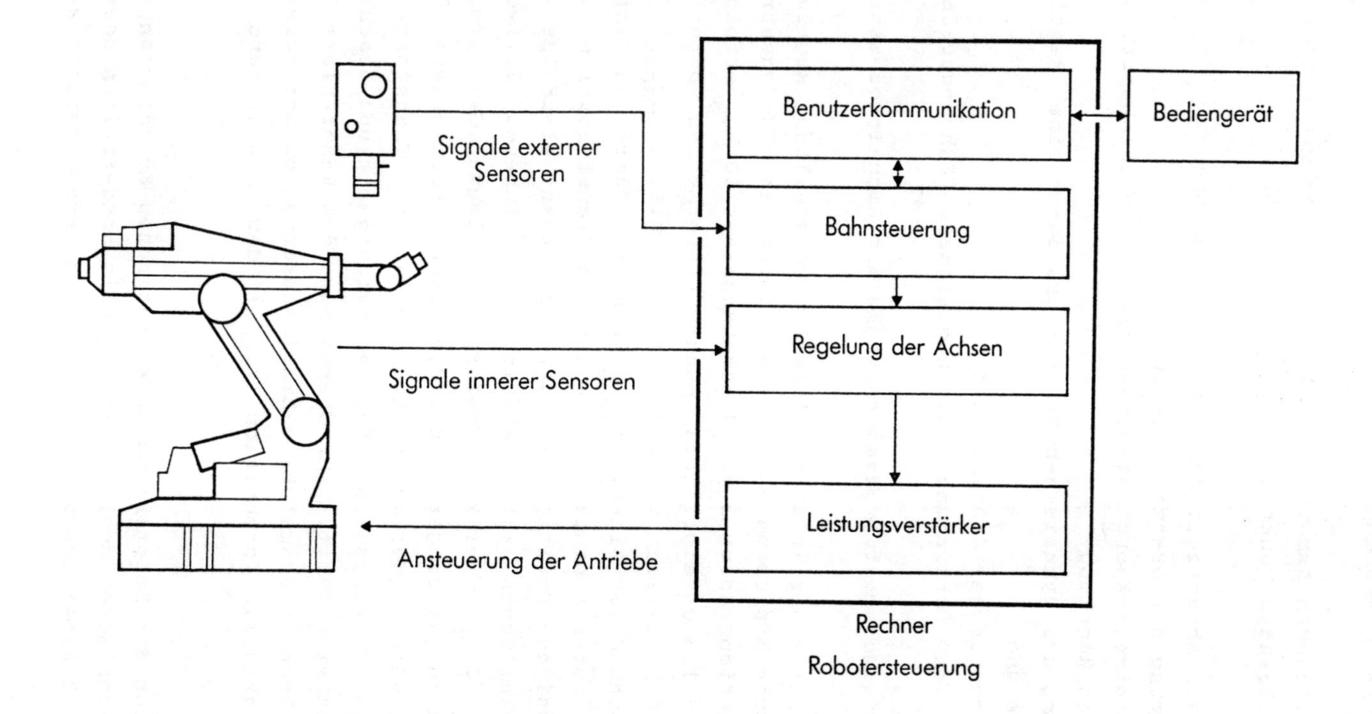


**Bild 1.2: Struktur einer Robotersteuerung**

## 1.2 Aufgabenstellung und Durchführung

Ziel der vorliegenden Arbeit war die Verbesserung einer Robotersteuerung in folgenden Punkten:

- Verkürzung der Abtastzeit der digitalen Regelung
- Digitalisierung der Drehzahlregelung
- Schnelle Echtzeit-Koordinatentransformationen im Abtastraster der digitalen Regelung
- Verkleinerung des dynamischen Bahnfehlers durch eine Regelung mit Vorsteuerung
- Dämpfung mechanischer Schwingungen
- Vermeidung von Schwingungen durch geeignete Führungsgrößengestaltung
- Entwicklung eines Multiprozessorsystems mit Signalprozessoren

Die Gesamtstruktur der in dieser Arbeit vorgestellten Regelung, deren praktische Erprobung an einem sechsachsigen VW-Industrieroboter G60 (Aktionsradius 2 m, Handhabungslast 60 kg) erfolgte, wird in Bild 1.3 gezeigt: Die Rück-Transformation berechnet online aus der kartesisch vorliegenden Sollposition ($\underline{X}_{SOLL}$) die zugehörigen sechs Gelenkwinkel ($\underline{\varepsilon}_{SOLL}$) und hebt damit den Einfluß der in der Robotermechanik enthaltenen Hin-Transformation auf, die die kartesische Position $\underline{X}(t)$ der Roboterhand als Folge der Robotergelenkstellungen $\underline{\varepsilon}(t)$ bestimmt. Die inneren Sollwerte ($\underline{\varepsilon}_{SOLL}$, $\underline{\omega}_{SOLL}$, $\underline{\dot{\omega}}_{SOLL}$) der kaskadenförmig angelegten Gelenkregelkreise werden zur Verringerung des dynamischen Bahnfehlers über Differenzierglieder vorgesteuert. Eine analytische Transformation der kartesischen Führungsgrößen für Geschwindigkeit und Beschleunigung erübrigt sich damit. Zur Überwachung des Bahnfehlers läßt sich eine im Rechner ausgeführte Hin-Transformation heranziehen, mit der die aktuelle Istposition ($\underline{X}_{RECH}$) der Roboterhand ermittelt wird.

Da die Position der Roboterhand in kartesischen Koordinaten mit heutigen meßtechnischen Möglichkeiten nur in Sonderfällen oder in einem kleinen Zielbereich zufriedenstellend erfaßt werden kann,

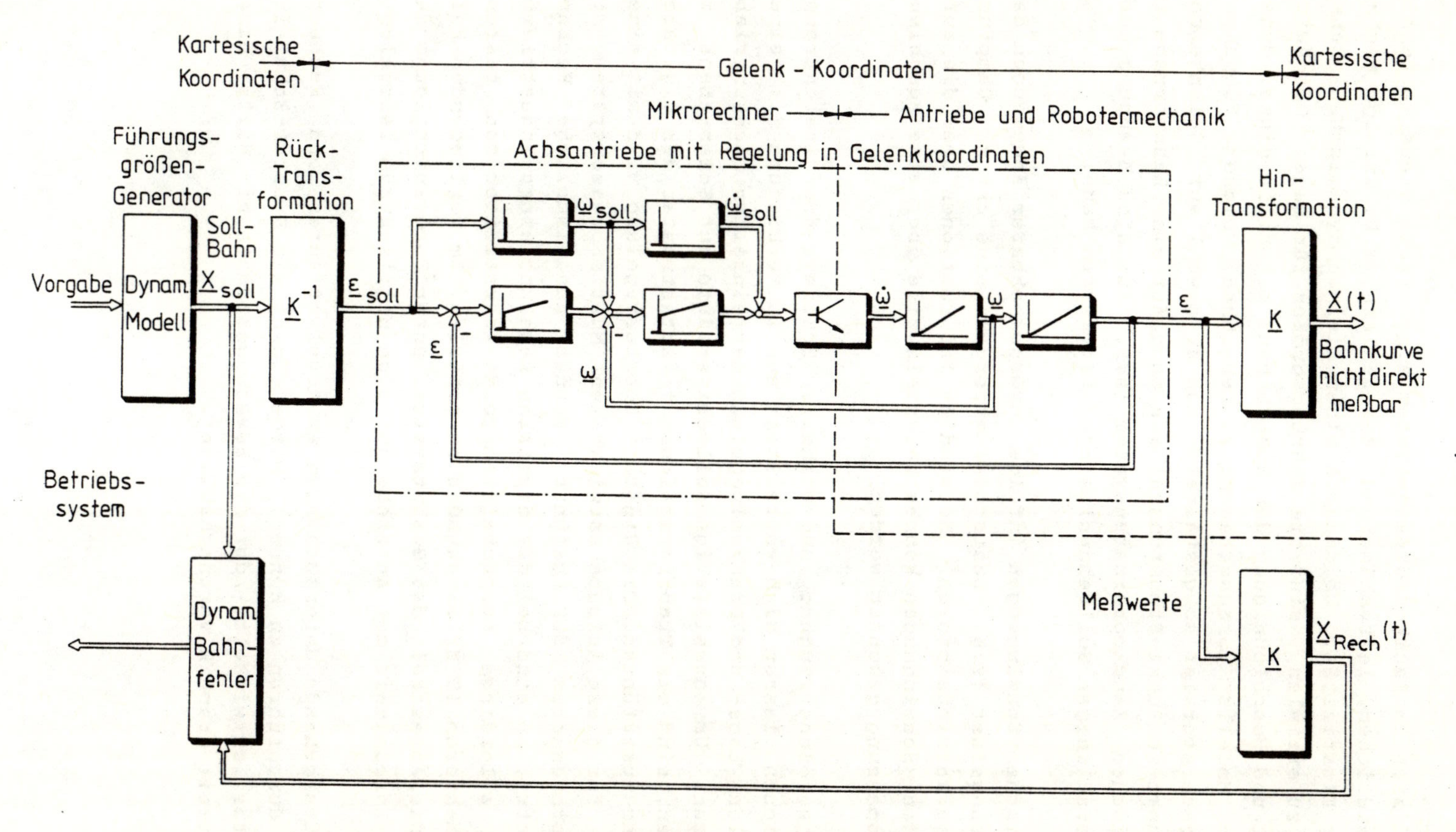


**Bild 1.3:** Digitale Bahnsteuerung eines Roboters

ergibt sich im Raumkoordinatensystem eine offene Steuerkette mit unvermeidlichen, lastabhängigen Restfehlern, z.B. infolge mechanischer Elastizität. Um dennoch einen kleinen dynamischen Bahnfehler zu erzielen, sind die Führungsgrößen für Lage, Geschwindigkeit und Beschleunigung der Roboterhand mit Hilfe eines dynamischen Modells vorausschauend zu berechnen. Dieser Führungsgrößengenerator ist so gestaltet, daß er sowohl auf Gelenkebene (für Punkt-zu-Punkt-Steuerungen) als auch für eine Bahnvorgabe im kartesischen Raumkoordinatensystem (z.B. für eine Bewegung entlang geradliniger Sollbahnen) eingesetzt werden kann.

Mechanische Schwingungen infolge unvorhersehbarer Änderungen der Handhabungslast (z.B. Laststöße) erfordern eine aktive Dämpfung über die Antriebsmotoren. Notwendige Informationen über die auftretenden Schwingungen können beispielsweise über eine Beschleunigungsmessung gewonnen werden.

Führungsgrößenerzeugung und schnelle Echtzeit-Koordinatentransformationen lassen sich vorteilhaft nur in Verbindung mit einer digitalen Lage- und Drehzahlregelung der einzelnen Achsantriebe einsetzen. Um quasistetige Sollwertverläufe auf Gelenkebene zu erhalten, sind die Transformationen im Abtastraster der digitalen Regelung auszuführen. Die digitale Roboterregelung wird mit einem eigens für diese Aufgabe entwickelten Multiprozessorsystem mit Signalprozessoren durchgeführt. Werden handelsübliche Rechner eingesetzt, so sind bei der digitalen Regelung eines Industrieroboters allerdings nur unbefriedigende Abtastzeiten von bestenfalls mehreren 10 Millisekunden zu erzielen. Im vorliegenden Fall wurde die Abtastzeit des Gesamtsystems unter Berücksichtigung der Moment-Anregelzeit der Antriebe auf eine Millisekunde festgelegt.

Um weitergehende Untersuchungen an Regelverfahren und Rechnersystem durchführen zu können, wurde eigens ein Roboter-Echtzeitsimulator entwickelt, der die Bewegungsabläufe mit Hilfe einer 3D-Echtzeit-Graphik veranschaulicht.

## 2. Kinematik eines Gelenkarmroboters

Viele Industrieroboter sind in Analogie zum menschlichen Arm als Gelenkarmgeräte ausgeführt, bestehend aus drei für die Grobpositionierung der Roboterhand zuständigen Hauptachsen und drei Handachsen, die eine Feinpositionierung und die gewünschte räumliche Ausrichtung eines Werkzeugs ermöglichen. Die folgende Beschreibung der Kinematik orientiert sich an dem für eine praktische Erprobung verwendeten VW-Industrieroboter G60, einem typischen Gelenkarmroboter, der über sechs rotatorische Bewegungsachsen verfügt. Die Ergebnisse sind aber auf die gesamte Klasse der Gelenkarmgeräte übertragbar.

Bild 1.1 zeigt die kinematische Anordnung der Haupt- und Handachsen des G60: Auf einem drehbarem Rumpf ist der Gelenkarm angebracht, der aus Ober- und Unterarm mit den Längen $l_2$ und $l_3$ besteht. Die Winkel $\varepsilon_1$, $\varepsilon_2$ und $\varepsilon_3$ können über die Stellantriebe im Sockel (Achse 1) und im Schulter- bzw. Ellenbogengelenk (Achse 2 und 3) verstellt werden. Die Hand des Roboters ist als sogenannte Zentralhand /M3/ gestaltet, die den Vorzug besitzt, durch Drehungen um die Achsen 4, 5 und 6 eine beliebige räumliche Orientierung des Werkstücks oder Werkzeugs vornehmen zu können. Die Winkel-Istwerte $\varepsilon_v$ werden durch Meßwertaufnehmer in den Gelenken erfaßt.

Für eine Bahnvorgabe in einem kartesischen Bezugs-Koordinatensystem oder bei einem Einsatz externer Sensoren sind Position und räumliche Orientierung der Roboterhand vom raumfesten in das gelenkbezogene Roboterkoordinatensystem zu transformieren. Für die Umsetzung der kartesischen Koordinaten in Soll-Gelenkstellungen des Roboters hat sich die Bezeichnung 'Rück-Transformation' (auch Rückwärts-Transformation oder inverse Transformation) eingebürgert, für die Ermittlung der Roboterstellung in Raumkoordinaten aus den Gelenkwinkeln die Bezeichnung 'Hin-Transformation' (auch Vorwärts-Transformation oder direkte Transformation). Die Hin-Transformation ist mathematisch eindeutig und in der kinematischen Struktur der Robotermechanik (Bild 1.3) enthalten.

Wird sie im Mikrorechner ausgeführt, läßt sie sich zur Überwachung des dynamischen Bahnfehlers heranziehen.

Im Interesse einer genauen online Bahnführung ist eine Berechnung der Rück-Transformation per Mikrorechner im Abtastraster der digitalen Regelung, d.h. in einer Millisekunde, erstrebenswert, um in Gelenkkoordinaten quasistetige Sollwertverläufe zu erzielen. Bei gesteuerten Bewegungsabläufen würde es ausreichen, die Koordinatentransformationen in größeren Zeitabständen auszuführen und anschließend eine Feininterpolation zwischen den Stützwerten auf Gelenkebene vorzunehmen, um die Forderungen nach Stetigkeit und Genauigkeit zu erfüllen. Beim Einsatz externer Sensoren aber sind unverzügliche Reaktionen der Gelenkregelung auf die zu transformierenden kartesischen Signale erwünscht, denn bei einer Geschwindigkeit von beispielsweise 1 m/s wird selbst bei einer Abtastfrequenz von 1 kHz bereits 1 mm pro Abtastintervall zurückgelegt.

Der Zeitbedarf für Koordinatentransformationen in heute üblichen Robotersteuerungen liegt bei mehreren zehn Millisekunden. Im vorliegenden Fall konnten durch Optimierung der Algorithmen und durch Einsatz von Signalprozessoren Ausführungszeiten von etwa 2 Millisekunden je Richtung erzielt werden. Dabei wurde besonderer Wert auf effiziente Unterprogramme zur Bestimmung der trigonometrischen Funktionen gelegt.

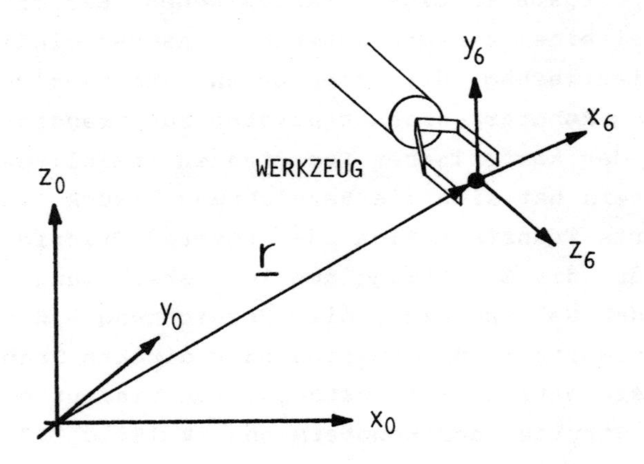


Bild 2.1: Lage und Orientierung des Werkzeug-Koordinatensystems

## 2.1 Die Hin-Transformation

Die Hin-Transformation ist eine Berechnungsvorschrift, die aus den Gelenkstellungen $\varepsilon_1$ bis $\varepsilon_6$ die kartesische Position des Werkzeug-Koordinatensystems $K_6$ und dessen räumliche Orientierung bezüglich des inertialen Basiskoordinatensystems $K_0$ ermittelt (Bild 2.1). Das Werkzeug-Koordinatensystem dient der Lage-Beschreibung von Werkzeugen oder Werkstücken. Die übliche Darstellung einer Orientierung erfolgt mit Hilfe dreier räumlicher Winkel, der sogenannten Eulerschen Winkel. Als anschaulich hat sich eine Darstellungsform erwiesen, die die Orientierung des Werkzeug-Koordinatensystems mit Hilfe des Raumwinkels um die Drehachse 6 und mittels des Handwurzelpunktes beschreibt; der Handwurzelpunkt ist der Schnittpunkt der drei Handachsen $\varepsilon_4$, $\varepsilon_5$ und $\varepsilon_6$ (Bild 1.1).

### 2.1.1 Mathematische Grundlagen

Zur Koordinatentransformation zwischen den gelenkbezogenen, körperfesten Koordinatensystemen und dem kartesischen Bezugs-Koordinatensystem werden Abbildungsvorschriften für Drehung (Rotation) und Verschiebung (Translation) von Vektoren (Punkte werden durch Vektoren definiert) benötigt. Ein Vektor $\underline{r}$ wird durch die Schreibweise

$$\underline{r} = (x, y, z)^T = x\,\underline{i} + y\,\underline{j} + z\,\underline{k}$$

wiedergegeben. Die Einheitsvektoren $\underline{i}$, $\underline{j}$, $\underline{k}$ zeigen in Richtung der x-, y-, und z-Achse des verwendeten Koordinatensystems.

Translation

Ein Vektor $\underline{r}_1$ sei definiert in einem Koordinatensystem $K_1$, dessen Ursprung gegenüber dem Basis-Koordinatensystem $K_0$ um den Vektor $\underline{p} = (p_x, p_y, p_z)^T$ verschoben ist. Für die Umrechnung der Koordinaten gilt:

$$x_0 = x_1 + p_x \quad ,$$
$$y_0 = y_1 + p_y \quad ,$$
$$z_0 = z_1 + p_z \quad ,$$

oder in Matrizendarstellung: $\underline{r}_0 = \underline{r}_1 + \underline{p}$ .

Rotation

Ein Vektor $\underline{r}_1 = (x_1, y_1, z_1)^T$ sei gegeben in einem Koordinatensystem $K_1$, das gegenüber dem Basis-Koordinatensystem $K_0$ um den Winkel $\alpha$ gedreht ist. Drehachse sei die $z_0$=$z_1$-Achse. Der Vektor $\underline{r}_1$ wird zu $\underline{r}_0$ mit den Basis-Koordinaten

$$x_0 = x_1 \cos\alpha - y_1 \sin\alpha \quad ,$$
$$y_0 = x_1 \sin\alpha + y_1 \cos\alpha \quad ,$$
$$z_0 = z$$

oder in Matrizenschreibweise:

$$\underline{r}_0 = \begin{bmatrix} x_0 \\ y_0 \\ z_0 \end{bmatrix} = \begin{bmatrix} \cos\alpha & -\sin\alpha & 0 \\ \sin\alpha & \cos\alpha & 0 \\ 0 & 0 & 1 \end{bmatrix} \cdot \begin{bmatrix} x_1 \\ y_1 \\ z_1 \end{bmatrix} = \underline{R}(\underline{z}, \alpha) \cdot \underline{r}_1 \quad . \qquad (2.1)$$

$\underline{R}$ wird als 3x3 - Rotationsmatrix bezeichnet.

Entsprechend gilt für eine Drehung um die y-Achse

$$\underline{r}_0 = \begin{bmatrix} x_0 \\ y_0 \\ z_0 \end{bmatrix} = \begin{bmatrix} \cos\alpha & 0 & -\sin\alpha \\ 0 & 1 & 0 \\ \sin\alpha & 0 & \cos\alpha \end{bmatrix} \cdot \begin{bmatrix} x_1 \\ y_1 \\ z_1 \end{bmatrix} = \underline{R}(\underline{y},\alpha)\cdot\underline{r}_1 \qquad (2.2)$$

und für eine Rotation um die x-Achse

$$\underline{r}_0 = \begin{bmatrix} x_0 \\ y_0 \\ z_0 \end{bmatrix} = \begin{bmatrix} 1 & 0 & 0 \\ 0 & \cos\alpha & -\sin\alpha \\ 0 & \sin\alpha & \cos\alpha \end{bmatrix} \cdot \begin{bmatrix} x_1 \\ y_1 \\ z_1 \end{bmatrix} = \underline{R}(\underline{x},\alpha)\cdot\underline{r}_1 \qquad (2.3)$$

Definition der Eulerschen Winkel

Die rotatorische Transformation von einem Koordinatensystem in ein beliebiges anderes Koordinatensystem läßt sich mit Hilfe dreier aufeinanderfolgender Drehungen ausführen, die in einer festgelegten Reihenfolge im Gegenuhrzeigersinn vorzunehmen sind:

Zunächst wird das Ursprungskoordinatensystem K um einen Winkel $\Phi$ um die z-Achse gedreht, anschließend wird das neugebildete Koordinatensystems K' um einen Winkel $\Theta$ um die y'-Achse gedreht und zuletzt wird das Zwischensystem K'' um einen Winkel $\Psi$ um die z''-Achse gedreht, so daß das Zielkoordinatensystem K''' entsteht.

Die Drehwinkel werden als Eulersche Winkel bezeichnet und legen die Orientierung des Zielkoordinatensystems bezüglich eines (inertialen) Bezugs-Koordinatensystems vollständig fest. Allerdings besteht in der Literatur keine Einheitlichkeit der Definition der Eulerschen Winkel, speziell unterscheiden sich die Festlegungen der zweiten Drehachse /G2/.

Um einen im Koordinatensystem K''' vorliegenden Vektor $\underline{r}'''$ im Koordinatensystem K zu beschreiben, sind drei Rotationsmatrizen (Gln. 2.1 bzw. 2.2) miteinander zu multiplizieren, und man erhält:

$$\underline{r} = \underline{R}(\underline{z},\Phi)\cdot\underline{R}(\underline{y},\Theta)\cdot\underline{R}(\underline{z},\Psi)\cdot\underline{r}''' = \underline{R}_E\cdot\underline{r}''' \quad ,$$

wobei für die sogenannte Eulersche Orientierungsmatrix $\underline{R}_E$ gilt:

$$\underline{R}_E = \begin{bmatrix} \cos\Phi\cos\Theta\cos\Psi-\sin\Phi\sin\Psi & -\cos\Phi\cos\Theta\sin\Psi-\sin\Phi\cos\Psi & -\cos\Phi\sin\Theta \\ \sin\Phi\cos\Theta\cos\Psi+\cos\Phi\sin\Psi & -\sin\Phi\cos\Theta\sin\Psi+\cos\Phi\cos\Psi & -\sin\Phi\sin\Theta \\ \sin\Theta\cos\Psi & -\sin\Theta\sin\Psi & \cos\Theta \end{bmatrix} \tag{2.4}$$

<u>Homogene Transformation</u>

Die homogene Transformation faßt Translation und Rotation in Form einer 4x4-Matrix zusammen, die einen sogenannten homogenen Vektor in ein anderes Koordinatensystem abbildet. Ein Vektor $\underline{r} = (x,\ y,\ z)^T$ wird für seine Darstellung in homogenen Koordinaten um eine vierte Komponente erweitert. Es handelt sich um einen Skalierungsfaktor, der in der Beschreibung von Roboterkinematiken stets gleich 1 ist:

$$\underline{\hat{r}} = (x,\ y,\ z,\ 1)^T \quad .$$

Wird der im Koordinatensystem $K_1$ beschriebene homogene Vektor $\underline{\hat{r}}_1$ im Basis-Koordinatensystem $K_0$ dargestellt, so gilt:

$$\underline{\hat{r}}_0 = \underline{T}\cdot\underline{\hat{r}}_1 = \begin{bmatrix} \underline{R} & \underline{p} \\ \underline{0}^T & 1 \end{bmatrix} \cdot \begin{bmatrix} \underline{r}_1 \\ 1 \end{bmatrix} = \begin{bmatrix} \underline{R}\ \underline{r}_1+\underline{p}_1 \\ 1 \end{bmatrix} \quad .$$

Der resultierende Vektor $\tilde{\underline{r}}_0$ entsteht durch Drehung des Ausgangsvektors $\underline{r}_1$ und Addition des Translationsvektors $\underline{p}_1$.

Die Elemente der homogenen Transformationsmatrix $\underline{T}$ sind:

$\underline{R}$ 3x3-Rotationsmatrix,

$\underline{p}$ 3-zeiliger Spaltenvektor: Ursprung des gedrehten Koordinatensystems im Basis-Koordinatensystem,

$\underline{0}$ Nullvektor,

1 Skalierungsfaktor.

Im folgenden werden homogene Vektoren nicht mehr ausdrücklich mit dem Symbol '~' gekennzeichnet.

## Denavit-Hartenberg-Transformation

Zur Beschreibung der räumlichen Geometrie eines Roboteraufbaus werden üblicherweise sogenannte Denavit-Hartenberg-Matrizen eingesetzt, ein Verfahren, das bereits im Jahre 1955 von J. Denavit und R. Hartenberg vorgestellt wurde /D1/. Bei dieser Vorgehensweise wird in jede Bewegungsachse des Roboters ein kartesisches Koordinatensystem gelegt.

Bild 2.2 zeigt am Beispiel des VW-Roboters G60 die zur Beschreibung nach Denavit-Hartenberg notwendigen Koordinatensysteme. Der Index '0' kennzeichnet das kartesische Raumkoordinatensystem, die Indizes '1' bis '6' die körperfesten Koordinatensysteme der Armsegmente bzw. Hand. Alle Koordinatensysteme sind Rechtssysteme, deshalb zeigen die nicht eingetragenen Achsen $z_1$, $z_2$ und $z_4$ in die Ebene hinein, während $y_3$, $y_5$ und $y_6$ aus der Ebene herauszeigen.

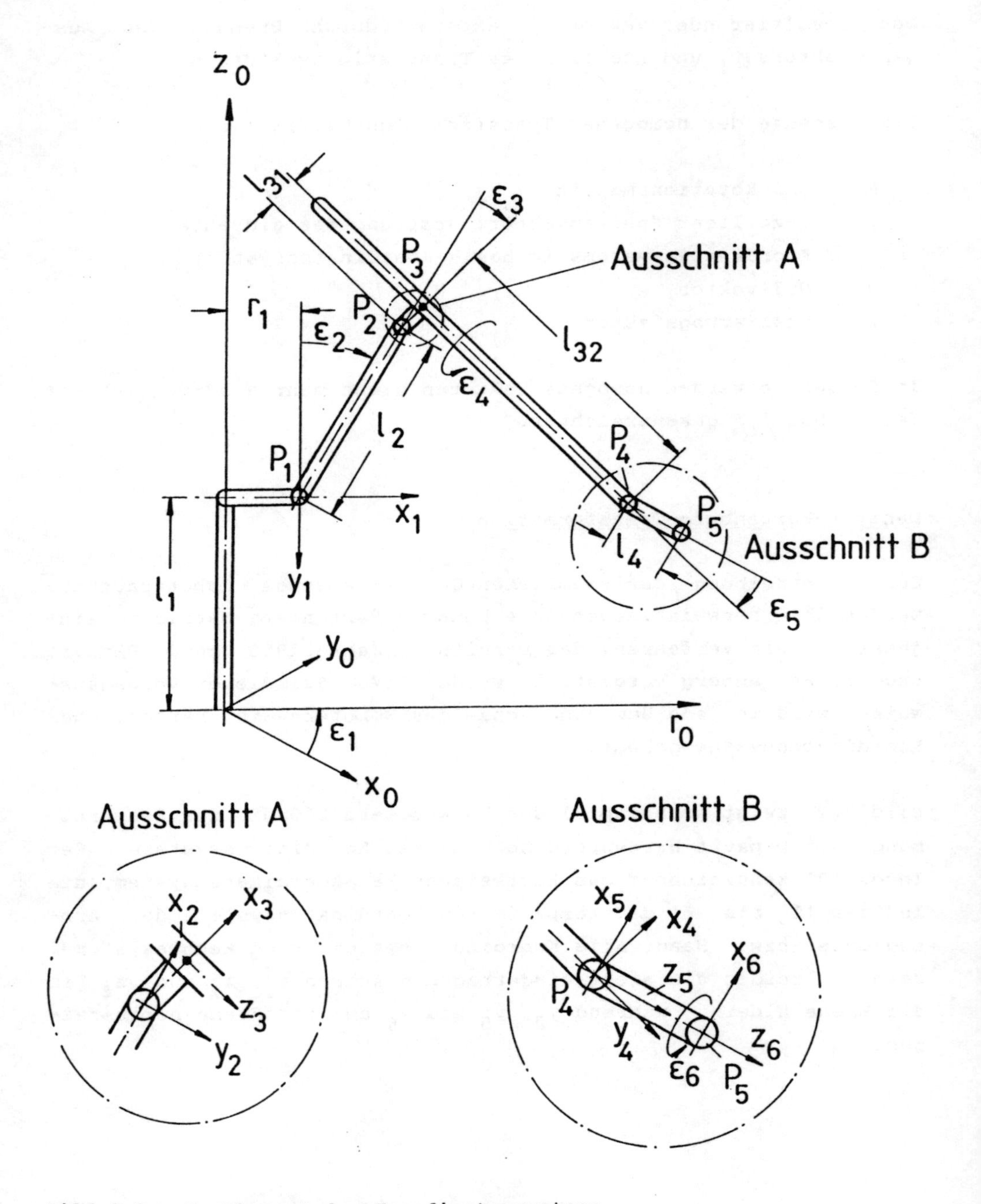


**Bild 2.2:** Festlegung der Koordinatensysteme

Für die Festlegung der Koordinatensysteme nach Denavit-Hartenberg müssen folgende Bedingungen erfüllt sein:

1. Die $z_{\nu-1}$-Achse ist mit der Bewegungsachse des $\nu$-ten Armelements identisch (die Richtung wurde hier so gewählt, daß sich für die Drehwinkel $\varepsilon_\nu$ ein mathematisch positiver Drehsinn ergibt).
2. Stehen $z_{\nu-1}$ und $z_\nu$ windschief zueinander, so liegt der Ursprung des Koordinatensystems $K_\nu$ im Schnittpunkt von $z_\nu$ mit dem gemeinsamen Lot von $z_{\nu-1}$ und $z_\nu$. Die $x_\nu$-Achse bildet die Verlängerung des Lotes und zeigt von $z_{\nu-1}$ weg.
3. Schneiden sich $z_{\nu-1}$ und $z_\nu$ in einem Punkt, wird dieser Punkt zum Ursprung des Koordinatensystems $K_\nu$, und $x_\nu$ steht parallel oder antiparallel zum Vektorprodukt ($z_{\nu-1} \times z_\nu$).
4. Sind die Achsen $z_{\nu-1}$ und $z_\nu$ identisch, so kann der Ursprung von $K_\nu$ beliebig auf diesen Achsen festgelegt werden, und $x_\nu$ zeigt in beliebiger Richtung davon weg.

Die Transformation eines Koordinatensystems $K_{\nu-1}$ in ein Koordinatensystem $K_\nu$ erfolgt mit Hilfe von vier Parametern ($\alpha_\nu, a_\nu, b_\nu, \beta_\nu$):

1. Rotation um $\alpha_\nu$ um die Achse $z_{\nu-1}$ bis $x_{\nu-1}$ parallel zu $x_\nu$ steht;
2. Verschiebung um $a_\nu$ entlang $z_{\nu-1}$ bis zu dem Punkt, wo sich die Achsen $z_{\nu-1}$ und $x_\nu$ schneiden;
3. Verschiebung um $b_\nu$ entlang $x_\nu$, bis sich die Koordinatenursprünge decken;
4. Rotation um $\beta_\nu$ um die Achse $x_\nu$, bis die z-Achsen übereinstimmen.

Die Tabelle 2.1 gibt Aufschluß über die Besetzung der Parameter ($\alpha_\nu, a_\nu, b_\nu, \beta_\nu$) im Fall des VW-Roboters G60.

| $\nu$ | $\alpha_\nu$ | $a_\nu$ | $b_\nu$ | $\beta$ |
|---|---|---|---|---|
| 1 | $\varepsilon_1$ | $l_1$ | $r_1$ | -90° |
| 2 | $\varepsilon_2$-90° | 0 | $l_2$ | 0 |
| 3 | $\varepsilon_3$ | 0 | $l_{31}$ | -90° |
| 4 | $\varepsilon_4$ | $l_{32}$ | 0 | 90° |
| 5 | $\varepsilon_5$ | 0 | 0 | -90° |
| 6 | $\varepsilon_6$ | $l_4$ | 0 | 0 |

Tabelle 2.1: Festlegung der Parameter zur Denavit-Hartenberg-Transformation beim VW-Roboter G60

Eine Denavit-Hartenberg-Matrix $\underline{D}_\nu$ faßt zwei homogene Transformationen zu einer Abbildungsvorschrift zusammen:

$$\underline{D}_\nu = \begin{bmatrix} \cos\alpha_\nu & -\sin\alpha_\nu & 0 & 0 \\ \sin\alpha_\nu & \cos\alpha_\nu & 0 & 0 \\ 0 & 0 & 1 & a_\nu \\ 0 & 0 & 0 & 1 \end{bmatrix} \cdot \begin{bmatrix} 1 & 0 & 0 & b_\nu \\ 0 & \cos\beta_\nu & -\sin\beta_\nu & 0 \\ 0 & \sin\beta_\nu & \cos\beta_\nu & 0 \\ 0 & 0 & 0 & 1 \end{bmatrix}$$

$$= \begin{bmatrix} \cos\alpha_\nu & -\sin\alpha_\nu\cos\beta_\nu & \sin\alpha_\nu\sin\beta_\nu & b_\nu\cos\alpha_\nu \\ \sin\alpha_\nu & \cos\alpha_\nu\cos\beta_\nu & -\cos\alpha_\nu\sin\beta_\nu & b_\nu\sin\alpha_\nu \\ 0 & \sin\beta_\nu & \cos\beta_\nu & a_\nu \\ 0 & 0 & 0 & 1 \end{bmatrix} .$$

Mit

$$\begin{bmatrix} x_{\nu-1} \\ y_{\nu-1} \\ z_{\nu-1} \\ 1 \end{bmatrix} = \underline{D}_\nu \cdot \begin{bmatrix} x_\nu \\ y_\nu \\ z_\nu \\ 1 \end{bmatrix}$$

kann man einen in kartesischen Koordinaten des Koordinatensystems $K_\nu$ vorliegenden Vektor in den entsprechenden Vektor des Koordinatensystems $K_{\nu-1}$ überführen.

### 2.1.2 Anwendung auf einen Gelenkarmroboter

Nach Einsetzen der in Tabelle 2.1 ablesbaren Winkel und Abstände ergeben sich folgende Transformations-Matrizen zur Beschreibung der Kinematik des VW-Roboters G60:

$$\underline{D}_1 = \begin{bmatrix} \cos\varepsilon_1 & 0 & -\sin\varepsilon_1 & r_1\cos\varepsilon_1 \\ \sin\varepsilon_1 & 0 & \cos\varepsilon_1 & r_1\sin\varepsilon_1 \\ 0 & -1 & 0 & l_1 \\ 0 & 0 & 0 & 1 \end{bmatrix},$$

$$\underline{D}_2 = \begin{bmatrix} \sin\varepsilon_2 & \cos\varepsilon_2 & 0 & l_2\sin\varepsilon_2 \\ -\cos\varepsilon_2 & \sin\varepsilon_2 & 0 & -l_2\cos\varepsilon_2 \\ 0 & 0 & 1 & 0 \\ 0 & 0 & 0 & 1 \end{bmatrix},$$

$$\underline{D}_3 = \begin{bmatrix} \cos\varepsilon_3 & 0 & -\sin\varepsilon_3 & l_{31}\cos\varepsilon_3 \\ \sin\varepsilon_3 & 0 & \cos\varepsilon_3 & l_{31}\sin\varepsilon_3 \\ 0 & -1 & 0 & 0 \\ 0 & 0 & 0 & 1 \end{bmatrix},$$

$$\underline{D}_4 = \begin{bmatrix} \cos\varepsilon_4 & 0 & \sin\varepsilon_4 & 0 \\ \sin\varepsilon_4 & 0 & -\cos\varepsilon_4 & 0 \\ 0 & 1 & 0 & l_{32} \\ 0 & 0 & 0 & 1 \end{bmatrix},$$

$$\underline{D}_5 = \begin{bmatrix} \cos\varepsilon_5 & 0 & -\sin\varepsilon_5 & 0 \\ \sin\varepsilon_5 & 0 & \cos\varepsilon_5 & 0 \\ 0 & -1 & 0 & 0 \\ 0 & 0 & 0 & 1 \end{bmatrix} ,$$

$$\underline{D}_6 = \begin{bmatrix} \cos\varepsilon_6 & -\sin\varepsilon_6 & 0 & 0 \\ \sin\varepsilon_6 & \cos\varepsilon_6 & 0 & 0 \\ 0 & 0 & 1 & l_4 \\ 0 & 0 & 0 & 1 \end{bmatrix} .$$

Um einen im Werkzeug-Koordinatensystems $K_6$ definierten Vektor, beispielsweise die Koordinaten einer Werkzeugspitze, im Basis-Koordinatensystem $K_0$ zu beschreiben, ist das Produkt aller sechs $\underline{D}_\nu$-Matrizen zur Bestimmung der Transformationsmatrix zu bilden:

$$\underline{D} = \underline{D}_1 \cdot \underline{D}_2 \cdot \underline{D}_3 \cdot \underline{D}_4 \cdot \underline{D}_5 \cdot \underline{D}_6 = \begin{bmatrix} i_x & j_x & k_x & p_x \\ i_y & j_y & k_y & p_y \\ i_z & j_z & k_z & p_z \\ 0 & 0 & 0 & 1 \end{bmatrix} . \tag{2.5}$$

Anschließend ist der Vektor $\underline{r}_6$ der Werkzeugspitze gemäß folgender Vorschrift zu transformieren:

$$\underline{r}_0 = \underline{D} \cdot \underline{r}_6 \quad .$$

Die Produkttransformation $\underline{D}$ beschreibt Lage und Orientierung des Werkzeug-Koordinatensystems in Basis-Koordinaten. Die ersten drei Spaltenvektoren der Matrix $\underline{D}$ bestehen aus den Komponenten der Einheitsvektoren des Werkzeug-Koordinatensystems ausgedrückt in Basiskoordinaten. Der vierte Spaltenvektor der Matrix ist der Ortsvektor $\underline{p}_5$ des Ursprungs des Werkzeug-Koordinatensystems.

Ortsvektoren der körperfesten Koordinatensysteme (Gelenke)

Die Ausführung der Produktbildung in Gleichung 2.5 liefert nacheinander die Koordinaten von $P_1$ bis $P_5$ als jeweils vierten Spaltenvektor der Zwischenergebnisse, sofern man von links nach rechts vorgeht; hier sind beispielhaft die Koordinatengleichungen aufgeführt, die in Abschnitt 2.2 und in Kapitel 2 benötigt werden.

$$\begin{bmatrix} x_2 \\ y_2 \\ z_2 \end{bmatrix} = \begin{bmatrix} (r_1+l_2\sin\varepsilon_2)\cos\varepsilon_1 \\ (r_1+l_2\sin\varepsilon_2)\sin\varepsilon_1 \\ l_1+l_2\cos\varepsilon_2 \end{bmatrix} , \qquad (2.6)$$

$$\begin{bmatrix} x_3 \\ y_3 \\ z_3 \end{bmatrix} = \begin{bmatrix} (r_1+l_2\sin\varepsilon_2+l_{31}\sin(\varepsilon_2+\varepsilon_3))\cos\varepsilon_1 \\ (r_1+l_2\sin\varepsilon_2+l_{31}\sin(\varepsilon_2+\varepsilon_3))\sin\varepsilon_1 \\ l_1+l_2\cos\varepsilon_2+l_{31}\cos(\varepsilon_2+\varepsilon_3) \end{bmatrix} , \qquad (2.7)$$

$$\begin{bmatrix} x_4 \\ y_4 \\ z_4 \end{bmatrix} = \begin{bmatrix} x_3 + l_{32}\cos(\varepsilon_2+\varepsilon_3)\cos\varepsilon_1 \\ y_3 + l_{32}\cos(\varepsilon_2+\varepsilon_3)\sin\varepsilon_1 \\ z_3 - l_{32}\sin(\varepsilon_2+\varepsilon_3) \end{bmatrix} , \qquad (2.8)$$

$$\begin{bmatrix} x_5 \\ y_5 \\ z_5 \end{bmatrix} = \begin{bmatrix} x_4 + l_4\cdot(\ldots) \\ y_4 + l_4\cdot(\ldots) \\ z_4 - l_4\cdot(\cos(\varepsilon_2+\varepsilon_3)\cos\varepsilon_4\sin\varepsilon_5 + \sin(\varepsilon_2+\varepsilon_3)\cos\varepsilon_5) \end{bmatrix} \qquad (2.9)$$

Räumliche Orientierung des Werkzeug-Koordinatensystems

Nach Berechnung des Ursprungs $P_5$ des Werkzeug-Koordinatensystems und des Handwurzelpunktes $P_4$, der die räumliche Orientierung des Werkzeug-Koordinatentensystems beeinflußt, fehlt zur vollständigen Bestimmung der Orientierung der auf das inertiale kartesische Koordinatensystem bezogene Raumwinkel $\Psi$ um die Achse 6. Diesen Winkel erhält man durch Gleichsetzen der Eulerschen Orientierungsmatrix (Gln. 2.4) mit der in der Matrix $\underline{D}$ enthaltenen Rotationsmatrix (Gln. 2.5). Das ist zulässig, da die hier verwendete Definition der Eulerschen Winkel sich in der mechanischen Konstruktion der für die Orientierung verantwortlichen Roboterhand widerspiegelt. Die Drehachsen 4, 5 und 6 entsprechen den anfangs definierten Eulerschen Drehachsen.

Mit

$$\begin{aligned} \sin\Theta\cdot\cos\Psi &\overset{!}{=} i_z \\ &= [\cos(\varepsilon_2+\varepsilon_3)\cos\varepsilon_4\cos\varepsilon_5 - \sin(\varepsilon_2+\varepsilon_3)\sin\varepsilon_5]\cdot\cos\varepsilon_6 \\ &\quad -[\cos(\varepsilon_2+\varepsilon_3)\sin\varepsilon_4]\cdot\sin\varepsilon_6 \end{aligned} \qquad (2.10)$$

und

$$\begin{aligned} -\sin\Theta\cdot\sin\Psi &\overset{!}{=} j_z \\ &= -[\cos(\varepsilon_2+\varepsilon_3)\cos\varepsilon_4\cos\varepsilon_5 - \sin(\varepsilon_2+\varepsilon_3)\sin\varepsilon_5]\cdot\sin\varepsilon_6 \\ &\quad -[\cos(\varepsilon_2+\varepsilon_3)\sin\varepsilon_4]\cdot\cos\varepsilon_6 \end{aligned} \qquad (2.11)$$

erhält man für den Raumwinkel $\Psi$:

$$\Psi = -\arctan\,(j_z/i_z) \qquad \text{für} \quad -180° \le \Psi < 180° \quad . \qquad (2.12)$$

Die Raumwinkel $\Phi$ und $\Theta$ folgen mit einer einfachen Umrechnung aus den Koordinaten von $P_4$ und $P_5$, wie der Darstellung in Bild 2.3 zu entnehmen ist. Das dort verwendete Koordinatensystem $K_0'$ ist gegenüber dem Basis-Koordinatensystem $K_0$ parallelverschoben, was für die Betrachtung der Orientierung ohne Bedeutung ist.

$$\Phi = \arctan\frac{y_5 - y_4}{x_5 - x_4} \qquad \text{für} \quad -180° \le \Phi < 180° \quad , \qquad (2.13)$$

$$\Theta = \arccos \frac{z_5 - z_4}{l_4} \qquad \text{für} \qquad 0° \le \Theta < 180° \qquad (2.14)$$

Mit dieser Einschränkung von $\Theta$ ist Eindeutigkeit gegeben, allerdings kann für $\Theta = 0°$ die Stellung der Roboterhand so entarten, daß sich nur noch die Summe der Winkel $\Phi$ und $\Psi$ bestimmen läßt /M3/.

Im Mikrorechner-Programm sind natürlich nicht sämtliche Denavit-Hartenberg-Matrizen miteinander zu multiplizieren, sondern es sind nur die Koordinaten-Gleichungen für $P_4$ und $P_5$ sowie die Elemente $i_z$ und $j_z$ der Matrix $\underline{D}$ zu berechnen. Als vorteilhaft hat sich die Einführung der Koordinaten des Handwurzelpunktes $P_4$ als Hilfsgrößen erwiesen.

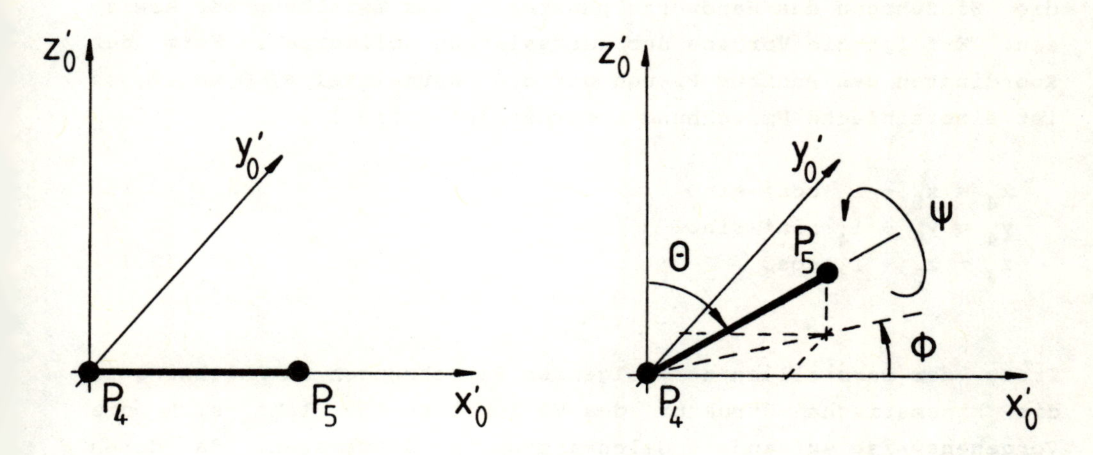


Bild 2.3: Festlegung der Raumwinkel

## 2.2 Die Rück-Transformation

In einer Robotersteuerung ist die Berechnung der Rück-Transformation von größerer Bedeutung als die der Hin-Transformation, da bei vielen Anwendungen (z.B. beim Bahnschweißen) Lage und Orientierung der Roboterhand in kartesischen Koordinaten vorgegeben werden müssen. Man kann versuchen, die durch die Hin-Transformation ermittelten Gleichungen analytisch nach den Gelenkwinkeln aufzulösen. Ein allgemeingültiges Verfahren gibt es dafür nicht. Iterative Methoden, beispielweise nach Newton-Raphson /S10/, können wegen des hohen Rechenzeitbedarfs derzeit noch nicht verwendet werden. Simulationsergebnisse für ein spezielles iteratives Verfahren werden im Abschnitt 2.5 beschrieben.

Das hier vorgestellte Verfahren zur Rück-Transformation beruht auf einem geometrischen Ansatz zur Herleitung der erforderlichen Gleichungen für die Haupt- und Handachsenwinkel, bei dem die Anzahl der auszuführenden arithmetischen Funktionen minimiert wurde. Als hilfreich hat sich - wie bei der Hin-Transformation - die Einführung des Handwurzelpunktes $P_4$ als Zwischengröße erwiesen. Erfolgt die Vorgabe der kartesischen Sollwerte in Form der Koordinaten des Punktes $P_5$ und der drei Raumwinkel $\Phi$, $\Theta$ und $\Psi$, so ist eine einfache Umrechnung erforderlich (Bild 2.3):

$$x_4 = x_5 - l_4 \cdot \cos\Phi \cdot \sin\Theta \qquad (2.15)$$
$$y_4 = y_5 - l_4 \cdot \sin\Phi \cdot \sin\Theta \qquad (2.16)$$
$$z_4 = z_5 - l_4 \cdot \cos\Theta \qquad (2.17)$$

Trotz der Darstellung der folgenden Berechnungen in Anlehnung an die kinematische Struktur des VW-Roboters G60 läßt sich die Vorgehensweise auf andere Gelenkarmroboter übertragen, da deren Kinematik im allgemeinen sehr ähnlich gestaltet ist.

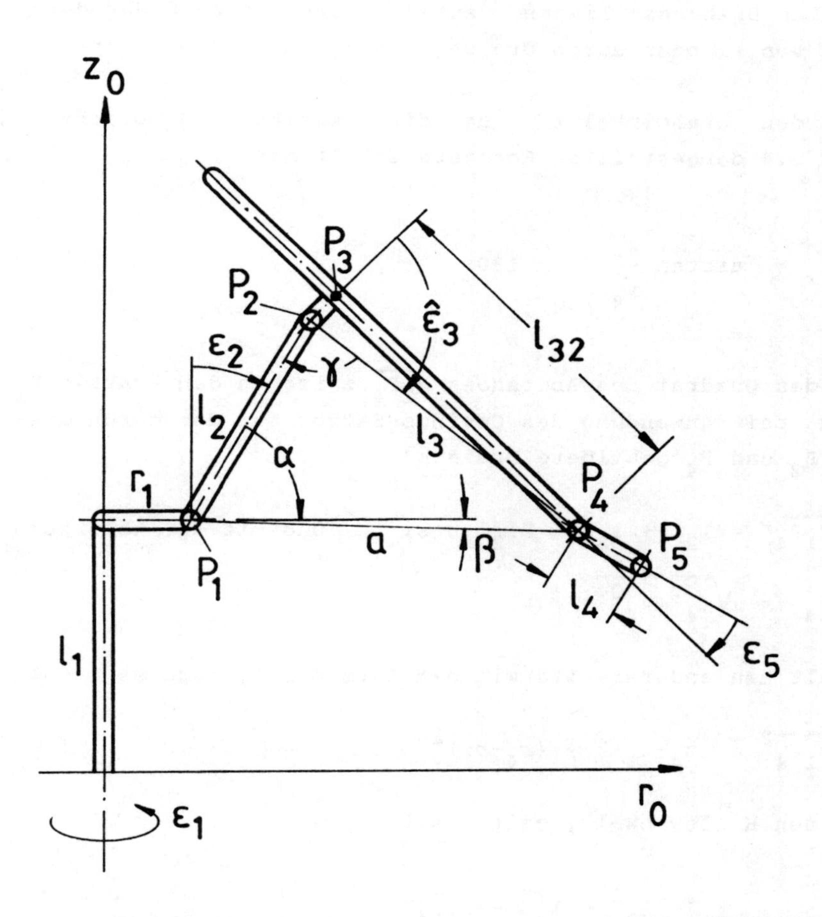


Bild 2.4: **Festlegung der Hilfsgrößen für die Rück-Transformation**

### 2.2.1 Berechnung der Hauptachsenwinkel

Gilt für die Hauptachsenwinkel $\varepsilon_1$, $\varepsilon_2$ und $\varepsilon_3$ nur die Einschränkung $-180° \leq \varepsilon_\nu < 180°$, so kann die Roboterhand fast alle Punkte des Arbeitsraumes mit vier verschiedenen Stellungen erreichen: Das Ellenbogengelenk kann jeweils nach oben oder nach unten geknickt sein; soll ein Zielpunkt beispielsweise hinter der vertikalen Drehachse liegen, so läßt sich das entweder durch Änderung von $\varepsilon_2$ oder durch Drehung von $\varepsilon_1$ um 180° erreichen.

Für den Drehwinkel $\varepsilon_1$ um die vertikale Hauptachse des in Bild 2.4 dargestellten Roboters erhält man:

$$\varepsilon_1 = \arctan \frac{y_4}{x_4} \pm 180° \quad . \tag{2.18}$$

Für das Quadrat des Abstandes $\overline{P_1P_4}$ zwischen den Punkten $P_1$ und $P_4$ gilt bei Anwendung des Cosinus-Satzes auf das durch die Punkte $P_1$, $P_2$ und $P_4$ gebildete Dreieck

$\overline{P_1P_4}^2 = l_2^2 + l_3^2 - 2l_2l_3\cos\gamma$ und mit der Abkürzung

$$r_4 := \pm\sqrt{x_4^2+y_4^2}$$

erhält man andererseits mit dem Satz des Pythagoras

$$\overline{P_1P_4}^2 = (z_4-l_1)^2 + (r_4-r_1)^2 \quad .$$

Für den Hilfswinkel $\gamma$ gilt somit:

$$\gamma = \arccos \frac{l_2^2 + l_3^2 - \overline{P_1P_4}^2}{2l_2l_3} \quad . \tag{2.19}$$

Erneute Anwendung des Cosinus-Satzes ergibt für den Hilfswinkel $\alpha$

$$\alpha = \arccos \frac{l_2^{\,2} + \overline{P_1P_4}^{\,2} - l_3^{\,2}}{2l_2\,\overline{P_1P_4}} \quad . \tag{2.20}$$

und für den Winkel $\beta$:

$$\beta = \arctan \frac{z_4 - l_1}{|r_4 - r_1|} \quad . \tag{2.21}$$

Der für die folgenden Fallunterscheidungen benötigte (konstruktionsbedingte) Hilfswinkel $\hat{\varepsilon}_3$ beträgt:

$$\hat{\varepsilon}_3 = \arctan(l_{32}/l_{31}) \approx 82° \tag{2.22}$$

Fallunterscheidungen für die Hauptachsenwinkel

Bei der Auswertung der Gleichungen 2.19 bis 2.22 zur Berechnung der Hauptachsenwinkel können vier sinnvolle Lösungen auftreten:

a. $\varepsilon_1 = \arctan(...)$, $r_4 \geq 0$ und $\varepsilon_3 \geq 0$:

$$\varepsilon_2 = 90° - \alpha - \beta;$$
$$\varepsilon_3 = 180° - \gamma - \hat{\varepsilon}_3;$$

b. $\varepsilon_1 = \arctan(...)$, $r_4 \geq 0$ und $\varepsilon_3 < 0$:

$$\varepsilon_2 = 90° + \alpha - \beta;$$
$$\varepsilon_3 = -180° + \gamma - \hat{\varepsilon}_3;$$

c. $\varepsilon_1 = \arctan(...) \pm 180°$, $r_4 < 0$ und $\varepsilon_3 \geq 0$:

$$\varepsilon_2 = -90° + \alpha + \beta;$$
$$\varepsilon_3 = -180° + \gamma - \hat{\varepsilon}_3;$$

d. $\varepsilon_1$ = arctan(...) ± 180°, $r_4 < 0$ und $\varepsilon_3 < 0$:

$$\varepsilon_2 = -90° - \alpha + \beta;$$
$$\varepsilon_3 = 180° - \gamma - \hat{\varepsilon}_3.$$

## 2.2.2 Berechnung der Handachsenwinkel

Gilt auch für die Handachsenwinkel $\varepsilon_4$, $\varepsilon_5$ und $\varepsilon_6$ die Beschränkung $-180° \leq \varepsilon_\nu < 180°$, so kommen zwei Lösungen in Betracht, da ein Vorzeichenwechsel von $\varepsilon_5$ durch Drehung der Winkel $\varepsilon_4$ und $\varepsilon_6$ um jeweils 180° wieder kompensiert werden kann.

Der zu $\varepsilon_5$ komplementäre Winkel $180°-\varepsilon_5$ wird durch Anwendung des Cosinus-Satzes auf das durch die Punkte $P_3$, $P_4$ und $P_5$ gebildete Dreieck (Bild 2.4) bestimmt. Für das Quadrat des Abstandes zwischen $P_3$ und $P_5$ gilt:

$$\overline{P_3P_5}^2 = (x_5-x_3)^2 + (y_5-y_3)^2 + (z_5-z_3)^2 \quad .$$

Diese Beziehung läßt sich mit Hilfe der Gleichung 2.8 auf die folgende Darstellung umrechnen, in die die vorgegebenen Koordinaten von $P_4$ und $P_5$ sowie die trigonometrischen Funktionen der bereits ermittelten Hauptachsenwinkel eingehen:

$$\begin{aligned}\overline{P_3P_5}^2 &= (x_5-x_4+l_{32}\cos(\varepsilon_2+\varepsilon_3)\cos\varepsilon_1)^2 \\ &+ (y_5-y_4+l_{32}\cos(\varepsilon_2+\varepsilon_3)\sin\varepsilon_1)^2 \\ &+ (z_5-z_4-l_{32}\sin(\varepsilon_2+\varepsilon_3))^2 \quad .\end{aligned}$$

Für den Winkel $\varepsilon_5$ ergibt sich:

$$\varepsilon_5 = \pm(180° - \arccos \frac{l_{32}^2 + l_4^2 - \overline{P_3P_5}^2}{2l_{32}l_4}) \quad . \tag{2.23}$$

Der Winkel $\varepsilon_4$ wird aus der Gleichung 2.9 für die z-Koordinate des Punktes $P_5$ bestimmt:

$$\varepsilon_4 = \pm\arccos \frac{z_5 - z_4 + l_4\sin(\varepsilon_2+\varepsilon_3)\cos\varepsilon_5}{-l_4\cos(\varepsilon_2+\varepsilon_3)\sin\varepsilon_5} \pm 180°. \quad (2.24)$$

Wählt man zur Berechnung des Winkels $\varepsilon_4$ die Gleichungen für die x- und y-Koordinaten, so ergibt sich eine Arcustangens-Funktion, die vorteilhafterweise das unbestimmte Vorzeichen vermeidet. Allerdings steigt der online zu bewältigende Rechenaufwand.

Zur Bestimmung von $\varepsilon_6$ werden die Gleichungen 2.10 und 2.11 nach $\varepsilon_6$ aufgelöst:

$$\varepsilon_6 = \arctan \frac{-C_1\cdot\cos\Psi + C_2\cdot\sin\Psi}{C_2\cdot\cos\Psi + C_1\cdot\sin\Psi} \pm 180° \quad , \quad (2.25)$$

wobei die Koeffizienten $C_1$ und $C_2$ definiert sind als

$$C_1 = \cos(\varepsilon_2+\varepsilon_3)\sin\varepsilon_4 \quad ,$$

$$C_2 = \cos(\varepsilon_2+\varepsilon_3)\cos\varepsilon_4\cos\varepsilon_5-\sin(\varepsilon_2+\varepsilon_3)\sin\varepsilon_5 \quad .$$

Fallunterscheidungen für die Handachsenwinkel:

a. $\varepsilon_5 \geq 0$: $\varepsilon_4 = \pm\arccos(...)$; $\varepsilon_6 = \arctan(...)$;

b. $\varepsilon_5 < 0$: $\varepsilon_4 = \pm\arccos(...) \pm 180°$; $\varepsilon_6 = \arctan(...) \pm 180°$ .

## 2.3 Mehrdeutigkeiten und Singularitäten

Während die Hin-Transformation eindeutige Ergebnisse liefert, erscheinen in der Rück-Transformation mehrdeutige Lösungen in Form unbestimmter Vorzeichen der errechneten Gelenkwinkel $\varepsilon_\nu$. Eine übergeordnete Bahnsteuerung kann aber mit Hilfe der Vorgeschichte eines Bahnverlaufs entscheiden, welches Vorzeichen gültig ist, denn die Gelenkstellungen ändern sich stetig. Im Fall des VW-Roboters G60 können die meisten Vorzeichen aufgrund konstruktionsbedingter Beschränkungen festgelegt werden.

Singularitäten sind Gelenkstellungen des Roboters, in denen eine oder mehrere Drehachsen zu identischen Achsen werden, so daß sich die Anzahl der Freiheitsgrade verringert /M3,H2/. Beispielsweise existieren für die Handachsenwinkel $\varepsilon_4$ und $\varepsilon_6$ beliebig viele Lösungen, wenn der Winkel $\varepsilon_5$ zu 0 wird. Aber bereits in der Nähe singulärer Stellungen treten Probleme auf: Trotz kontinuierlicher kartesischer Bahnvorgabe mit begrenzten Sollwertänderungen können die Änderungen der Gelenkwinkelsollwerte bei einzelnen Achsen beträchtlich ansteigen und damit die maximal erreichbaren Achsgeschwindigkeiten und -beschleunigungen überschreiten.

Entweder muß man in singulären Bereichen zu Sonderlösungen greifen /M3/ oder sie bereits bei der Bahnplanung ausgrenzen.

## 2.4 Berechnung der Sollgeschwindigkeiten und -beschleunigungen

Außer den Winkelsollwerten erfordert eine Vorsteuerung auf Gelenkebene die Vorgabe von Sollwerten für Geschwindigkeit und Beschleunigung. Um die außerordentlich rechenintensive analytische Rück-Transformation der kartesischen Geschwindigkeits- bzw. Beschleunigungssollwerte zu vermeiden, werden die im Abtastraster an die Gelenkregelkreise ausgegebenen Winkelsollwerte numerisch differenziert.

Da eine Differenzbildung zwischen aufeinanderfolgenden Winkelsollwerten eine schlechte Auflösung ergibt, erfolgt die Bestimmung von Achsgeschwindigkeiten und -beschleunigungen über ein rekursives, digitales Filter /L4/, dessen Struktur in Bild 2.5 abgebildet ist (vergl. Kapitel 4). Der Sollwinkel $\varepsilon$ wird mit dem errechneten Winkel $\hat{\varepsilon}$ verglichen, und der Fehler gelangt über die Wichtungsfaktoren $C_1$ und $C_2$ auf die Eingänge der Integratoren. Mit $C_2$ läßt sich die Eigenfrequenz, mit $C_1$ die Dämpfung einstellen.

Die hohe Abtastfrequenz von 1 kHz erlaubt eine Betrachtungsweise, die von quasi-analogen Signalverläufen ausgeht. Nach Anwendung einer Laplace-Transformation lautet damit die Filter-Übertragungsfunktion zur Bestimmung der Sollgeschwindigkeit

$$F_1(s) = \frac{\omega(s)}{\varepsilon(s)} = \frac{s \cdot T}{s^2 \cdot T^2/C_2 + s \cdot T \cdot C_1/C_2 + 1} \tag{2.26}$$

und die zur Ermittlung der Sollbeschleunigung:

$$F_2(s) = \frac{\dot{\omega}(s)}{\varepsilon(s)} = \frac{s^2 \cdot T^2}{s^2 \cdot T^2/C_2 + s \cdot T \cdot C_1/C_2 + 1} \quad . \tag{2.27}$$

T ist dabei die Abtastzeit.

Wird die Sollbeschleunigung mit dem in der jeweiligen Achse wirksamen Trägheitsmoment (vergleiche Kapitel 3) multipliziert, so erhält man das Sollmoment.

Trotz der hohen Filterdynamik - ermöglicht durch die kurze Ausführungszeit der Rück-Transformation - können geringfügige Fehler aufgrund einer Phasenverschiebung zwischen den tatsächlichen und den durch Filterung bestimmten Signalen auftreten. Diese Abweichungen werden aber durch die Achsregelkreise (Kapitel 4) ausgeglichen.

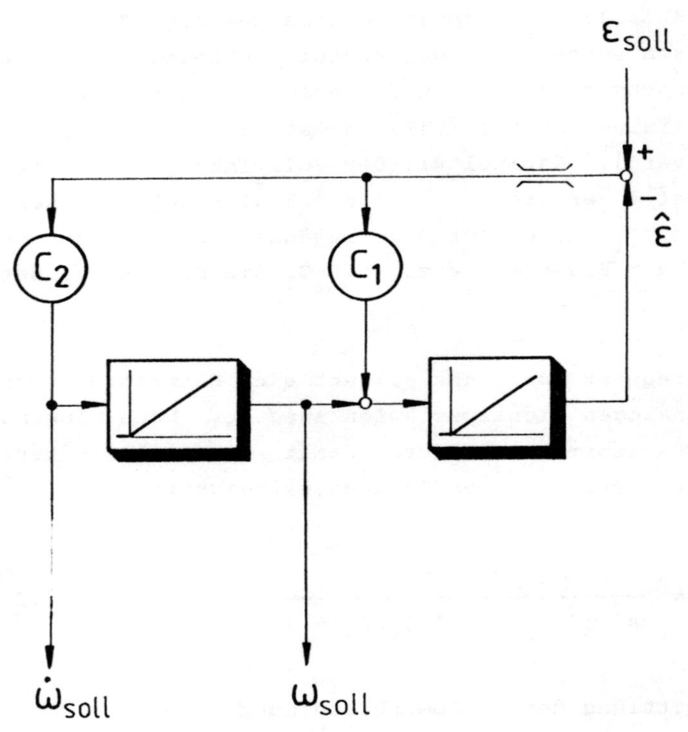


Bild 2.5: Rekursives Filter zur Differentiation der Gelenkwinkelsollwerte

## 2.5 Iterative Rück-Transformation mit Suchverfahren

Die Ableitung der Gleichungen der Rück-Transformation ist mit mancherlei Schwierigkeiten verbunden, da sie sich nicht so systematisch durchführen läßt, wie die Aufstellung der Denavit-Hartenberg-Matrizen für die Hin-Transformation. Wegen mehrdeutiger Ergebnisse muß außerdem überprüft werden, ob die errechneten Gelenkwinkel-Sollwerte physikalisch sinnvoll sind.

Benötigt wird eine Methode, die nur die Gleichungen der eindeutigen Hin-Transformation benutzt und trotzdem aus den vorgegebenen kartesischen Sollwerten die zugehörigen Gelenkstellungen ermittelt. Dazu müssen die Eingangswerte $\varepsilon_\nu$ einer rechnerischen Hin-Transformation solange iterativ abgeglichen werden, bis deren Ausgangswerte mit den kartesischen Sollwerten übereinstimmen. Anschließend kann die Ausgabe der Winkel $\varepsilon_\nu$ an die Gelenkregelkreise erfolgen.

Im Unterschied zu den in der Literatur beschriebenen Iterationsverfahren, die die Gleichungen der Hin-Transformation zur Berechnung der Gelenkstellungen mit Hilfe des Newton-Raphson-Verfahrens numerisch lösen /E1,S10/, wird hier eine Vorgehensweise vorgeschlagen, die ohne die problematische und rechenintensive online-Inversion der Jacobi-Matrix auskommt und mit einem Suchverfahren /F2/ arbeitet.

Der Grundgedanke ist folgender (Bild 2.6): Die Gelenkstellungen werden in kleinen Bereichen variiert, und mit Hilfe der Gleichungen der Hin-Transformation wird die zugehörige kartesische Lage bzw. Orientierung der Roboterhand ermittelt. Die Differenz zwischen den errechneten Werten und den entsprechenden kartesischen Sollwerten ergibt jeweils einen Fehler. Von mehreren möglichen Variationen eines Gelenkwinkels wird diejenige, die den kleinsten Fehler verursacht, als neuer Sollwert ausgewählt und an den Achsregelkreis weitergegeben. Zu beachten ist, daß während des Suchvorgangs nicht der Roboter selbst, sondern die rechnerische Hin-Transformation verändert wird, die die geometrische Struktur

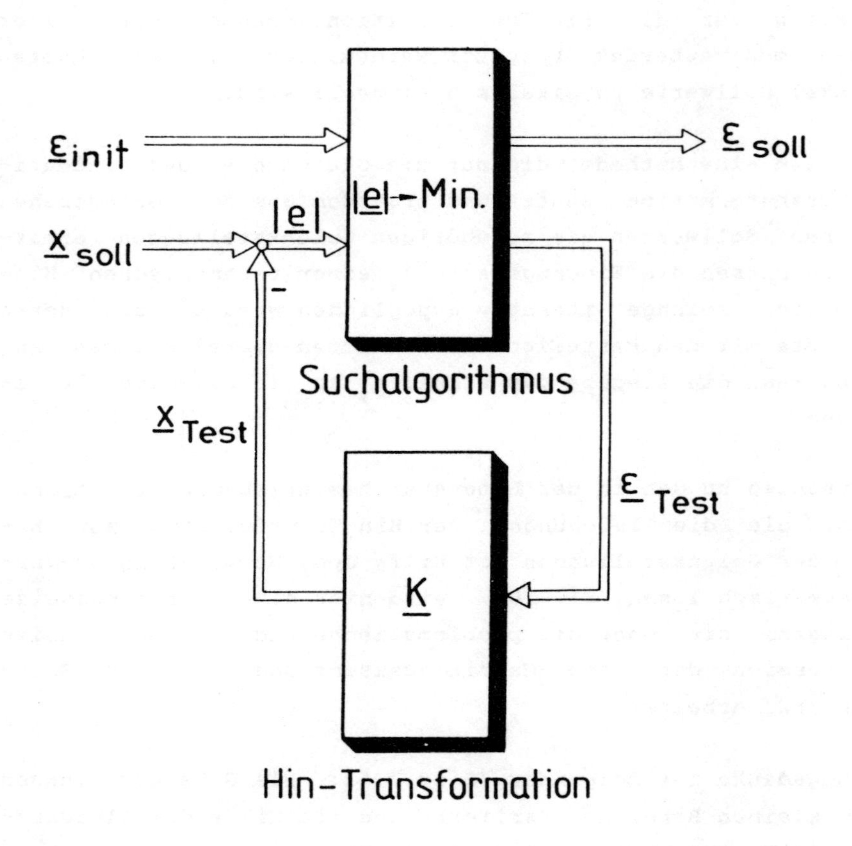


**Bild 2.6:** Iterative Koordinatentransformation

des Roboters simuliert. Da das Verfahren in Echtzeit arbeitet, muß die Bestimmung der neuen Gelenkstellungen jeweils in einem Abtastintervall abgeschlossen werden.

Vorausgesetzt wird, daß die Ausgangswerte der Hin-Transformation zu Beginn eines Verstellvorgangs mit den kartesischen Sollwerten übereinstimmen. Während der Bewegung muß eine Änderung der kartesischen Sollwerte stetig verlaufen, damit das Iterationsverfahren den Veränderungen innerhalb eines Abtastintervalls folgen kann. Mehrere Iterationsschritte sind trotz der hohen Rechenleistung der eingesetzten Mikrorechner nicht ausführbar. Pro Abtastintervall werden je Gelenk drei verschiedene Winkelstellungen geprüft: der unveränderte Wert, ein vergrößerter und ein verkleinerter Wert.

Da die Auflösung der Gelenkwinkelmessung und die Darstellung im Mikrorechner im vorliegenden Fall auf $2^{16}$ = 65536 Inkremente pro Umdrehung beschränkt ist, beträgt der kleinste sinnvolle Variationsbereich ±1 Inkrement. Wird der Gelenkwinkel nur um ein Inkrement verändert, erzielt man die höchste Auflösung und damit auch die höchste Genauigkeit bei der Vorgabe der Sollwerte für die Achsregelkreise. Nachteilig aber ist, daß die Gelenkwinkel nur um höchstens ein Inkrement je Abtastperiode verstellt werden können, das entspricht bei einer Abtastfrequenz von 1 kHz einer maximalen Drehrate von etwa $5^{o}$ pro Sekunde (10-15% der maximalen Winkelgeschwindigkeit).

Um höhere Geschwindigkeiten zu erreichen, wird der jeweilige Gelenkwinkel zusätzlich durch einen durch die Vorgeschichte der Verstellung beeinflußten Grundanteil verändert, so daß folgende drei Variationen zu prüfen sind:

$$\begin{aligned} \varepsilon_{\nu+1} &= \varepsilon_{\nu} + \Delta\varepsilon_{\nu} - 1 \text{ Inkrement} \quad , \\ \varepsilon_{\nu+1} &= \varepsilon_{\nu} + \Delta\varepsilon_{\nu} + 0 \text{ Inkrement} \quad , \\ \varepsilon_{\nu+1} &= \varepsilon_{\nu} + \Delta\varepsilon_{\nu} + 1 \text{ Inkrement} \quad . \end{aligned} \tag{2.28}$$

Der Grundanteil $\Delta\varepsilon$ ist ein Maß für die Geschwindigkeit und wird gemäß der letzten Winkeländerung angepaßt:

$$\Delta\varepsilon_{\nu+1} = \Delta\varepsilon_{\nu} \pm 1 \text{ Inkrement} \quad . \tag{2.29}$$

Wurde beispielsweise in drei aufeinanderfolgenden Abtastintervallen eine Winkelvergrößerung als richtig erkannt, so ist der Grundanteil $\Delta\varepsilon$ um drei Inkremente angewachsen. Zu beachten sind die kinematischen Begrenzungen des Gerätes.

Leider genügt es nicht, die Veränderung der einzelnen Gelenkwinkel unabhängig voneinander zu untersuchen; eine Überprüfung der Kombinationsmöglichkeiten sämtlicher Gelenkwinkelvariationen würde aber einen zu hohen Rechenaufwand erfordern.

Hier hilft die bereits in den vorhergehenden Abschnitten beschriebene typische kinematische Struktur eines Gelenkarmroboters, die es erlaubt, das Problem zu zerlegen und es in mehreren Stufen zu bearbeiten: Bei Vorgabe von Lage und Orientierung des Effektor-Koordinatensystems werden mit den Beziehungen 2.15 bis 2.17 die Koordinaten ($x_{4SOLL}$, $y_{4SOLL}$, $z_{4SOLL}$) des Handwurzelpunktes $P_4$ beschafft. Durch Variation der Hauptachsenwinkel wird die im Rahmen der Auflösung bestmögliche Lösung für die Einhaltung von $P_4$ gesucht, wobei $\varepsilon_1$ entkoppelt von $\varepsilon_2$ und $\varepsilon_3$ betrachtet werden kann, so daß für $\varepsilon_1$ drei sowie für $\varepsilon_2$ und $\varepsilon_3$ zusammen neun Prüfungen vorzunehmen sind. Bei der Aufstellung der zu minimierenden Fehlerfunktion $e_\nu$ hat sich die Betrags-Summe der Abweichungen zwischen der vorgegebenen Sollkoordinate (Index 'SOLL') und der errechneten Koordinate (Index 'RECH') als geeignet erwiesen /F2/. Die beiden Fehlerfunktionen lauten:

$$e_1(\varepsilon_1) = |x_{4SOLL} - x_{4RECH}(\varepsilon_1)| + |y_{4SOLL} - y_{4RECH}(\varepsilon_1)| \; , \tag{2.32}$$

$$e_2(\varepsilon_2,\varepsilon_3) = |x_{4SOLL} - x_{4RECH}(\varepsilon_2,\varepsilon_3)| + |y_{4SOLL} - y_{4RECH}(\varepsilon_2,\varepsilon_3)| + |z_{4SOLL} - z_{4RECH}(\varepsilon_2,\varepsilon_3)| \quad . \tag{2.31}$$

Ebenfalls gemeinsam werden die Handachsenwinkel $\varepsilon_4$ und $\varepsilon_5$ untersucht:

$$e_3(\varepsilon_4,\varepsilon_5) = |x_{5SOLL} - x_{5RECH}(\varepsilon_4,\varepsilon_5)| + |y_{5SOLL} - y_{5RECH}(\varepsilon_4,\varepsilon_5)| + |z_{5SOLL} - z_{5RECH}(\varepsilon_4,\varepsilon_5)| \quad . \tag{2.32}$$

Die Fehlerfunktion zur Bestimmung des dritten Handachsenwinkels $\varepsilon_6$ bei vorgegebenen Raumwinkel $\Psi_{SOLL}$ lautet:

$$e_4(\varepsilon_6) = |\Psi_{SOLL} - \Psi_{RECH}(\varepsilon_6)| \quad . \tag{2.33}$$

Die Gleichungen für die zu berechnenden Werte $x_{RECH}$, $y_{RECH}$, $z_{RECH}$ und $\Psi_{RECH}$ finden sich im Abschnitt 2.1 (Gln. 2.7, 2.8, 2.9 bzw. 2.12.).

Ergebnisse

Das iterative Verfahren zur Rück-Transformation mit Hilfe der Gleichungen der Hin-Transformation ist auf die Leistungsfähigkeit moderner Signalprozessoren angewiesen, da die Berechnungen online erfolgen müssen. Nach Voruntersuchungen mit in einer höheren Programmiersprache (PASCAL) erstellten Simulationsprogrammen wurden die Algorithmen in Assembler für den Signalprozessor TMS 32010 (Kapitel 8) programmiert, so daß eine Rechenzeit von etwa einer Millisekunde bei einer Festkomma-Zahlendarstellung mit einer Wortbreite von 16 Bit (teilweise 32 Bit) erreicht wurde.

Die begrenzte Auflösung, die zwar für die Vorgabe der Gelenkwinkelsollwerte ausreicht, nicht aber für die in Abschnitt 2.4 beschriebene Differentiation zum Zwecke einer Vorsteuerung, hat dazu geführt, daß die hier vorgeschlagene Art der iterativen Koordinatentransformation bislang nicht in einer Robotersteuerung eingesetzt werden konnte. Eine Berechnung in Fließkomma-Zahlendarstellung mit dem Signalprozessor TMS 32010 würde zuviel Rechenzeit benötigen, die sich aber durch neuere Signalprozessoren, die von vornherein eine Fließkomma-Zahlenverarbeitung verwenden, möglicherweise beträchtlich verkürzen läßt.

## 3. Dynamik eines Gelenkarmroboters

Der Mehrmotorenantrieb eins Gelenkarmroboters verkörpert eine komplexe Mehrgrößenregelstrecke. Die zur dynamischen Beschreibung erforderlichen nichtlinearen Bewegungsdifferentialgleichungen sind miteinander gekoppelt und weisen zeitvariante Koeffizienten auf. Die für die einzelnen Antriebe wirksamen Trägheitsmomente hängen ebenso wie Gewichtsmomente von der veränderlichen Robotergeometrie ab. Die sich wechselseitig beeinflussenden Bewegungsabläufe der verschiedenen Achsen verursachen Coriolis-, Zentrifugal- und Abstützmomente. Das Blockschalbild 3.1 zeigt prinzipiell die Kopplungen zwischen zwei Roboterachsen.

Ziel der Überlegungen zur Modellbildung soll eine Abschätzung sein, inwieweit variable Drehträgheitsmomente sowie statische und dynamische Störmomente beim Entwurf einer Regelung zu berücksichtigen sind. Eine besondere Bedeutung wird dabei die Einbeziehung der Getriebeübersetzung erhalten, ein Einfluß, der häufig bei der Modellierung von Industrierobotern zu wenig beachtet wird. Da die bei Robotern heute übliche Antriebseinheit je Bewegungsachse neben einem Elektromotor aus einem hochuntersetzendem Getriebe besteht, wirken sich die durch Kopplungen bedingten Störmomente nicht so stark auf die Antriebsregelkreise aus, wie man zunächst vermutet.

Am Beispiel des VW-Industrieroboters G60, einem typischen Gelenkarmgerät, sollen die Bewegungsdifferentialgleichungen für seine drei Hauptachsen in analytischer Form abgeleitet werden. Anschließend wird durch Einsetzen von Zahlenwerten eine quantitative Abschätzung der Störmomente und der Variationsbereiche der Trägheitsmomente durchgeführt.

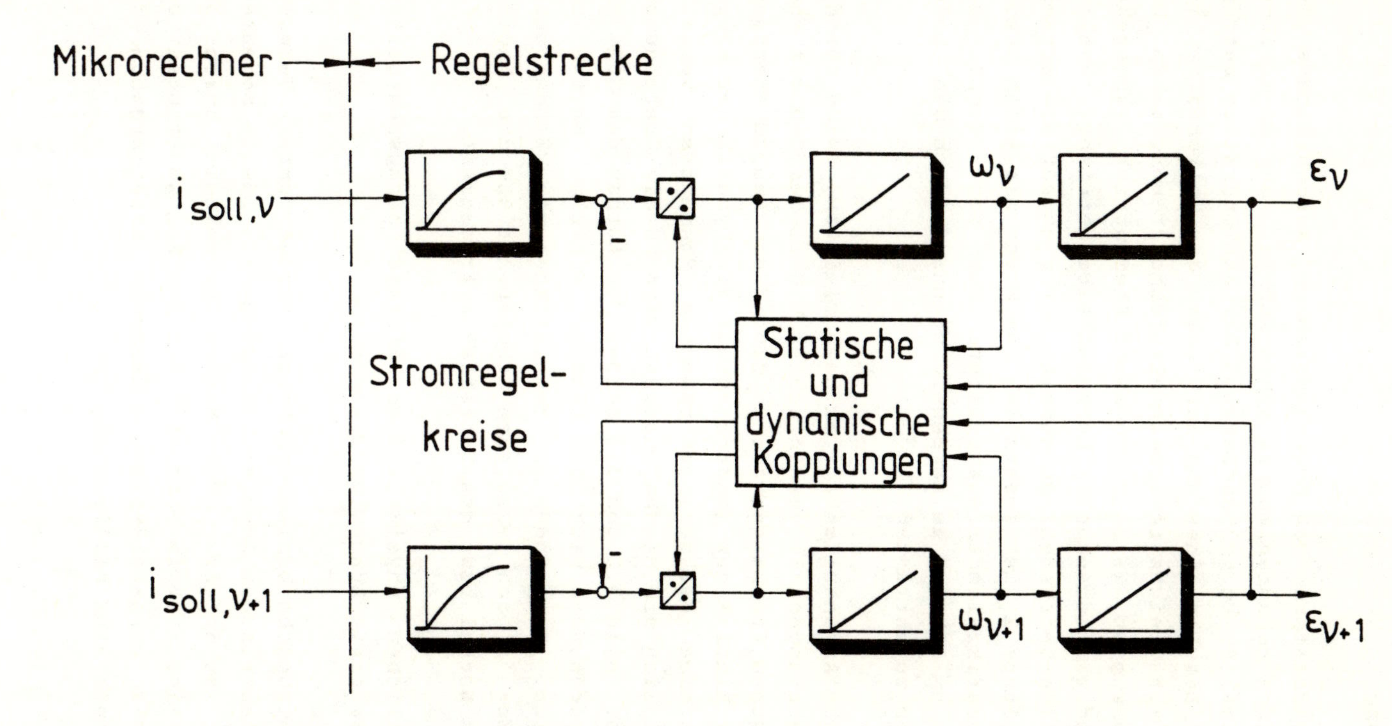


**Bild 3.1:** Verkopplungen zwischen zwei Roboterachsen

## 3.1 Modellbildung

Der mit sechs rotatorischen Bewegungsachsen ausgestattete G60 verfügt über einen robusten mechanischen Aufbau, der es erlaubt, Lasten von maximal 60 kg zu handhaben. Der Aktionsradius beträgt etwa 2 m. Zum Beschleunigen und Aufbringen der Haltekräfte ist für jede Achse ein Gleichstromscheibenläufermotor vorgesehen. Das jeweilige Motormoment wird durch einen Riementrieb (abgesehen von Achse 4) und ein sogenanntes Kurbelscheibengetriebe (ähnlich den Harmonic-Drive-Getrieben) gewandelt, bevor es auf die Armsegmente wirkt. Achse 2 ist zusätzlich zum Motor mit einem ungesteuerten Pneumatikzylinder ausgerüstet, der dazu dient, das Gewichtsmoment um Achse 2 zu kompensieren und dadurch den Motor von Haltekräften zu entlasten.

Um größtmögliche Anschaulichkeit zu gewährleisten, wird für die weiteren Betrachtungen ein vereinfachtes Modell des G60 mit nur drei rotatorischen Freiheitsgraden, den drei Hauptdrehachsen, angenommen. Der Einfluß der Handachsen auf die Dynamik der Hauptachsen ist infolge der geringen bewegten Handmassen vernachlässigbar. Lediglich die Handhabungslast wird in die Überlegungen mit einbezogen. Bild 3.2 und 3.3 zeigen den Aufbau des G60 mit den für die Berechnungen wichtigen Längen, Winkeln, Massen und Trägheitsmomenten. Der Index 'L' kennzeichnet die Handhabungslast, der Index 's' den jeweiligen Schwerpunkt und die Indizes '1' bis '3' den Sockel bzw. das betreffende Armsegment.

Um die wesentlichen physikalischen Effekte herauszuarbeiten, werden einige Vereinfachungen vorgenommen:

a. Die Gleichstromscheibenläufermotoren werden unter Vernachlässigung elektrischer Ausgleichsvorgänge als ideale Momentenstellglieder aufgefaßt. Die Moment-Anregelzeit durch die Stromregelkreise ist im Vergleich mit den Zeitkonstanten der Regelstrecke zu vernachlässigen. Messungen haben ergeben, daß sie kleiner als eine Millisekunde ist.

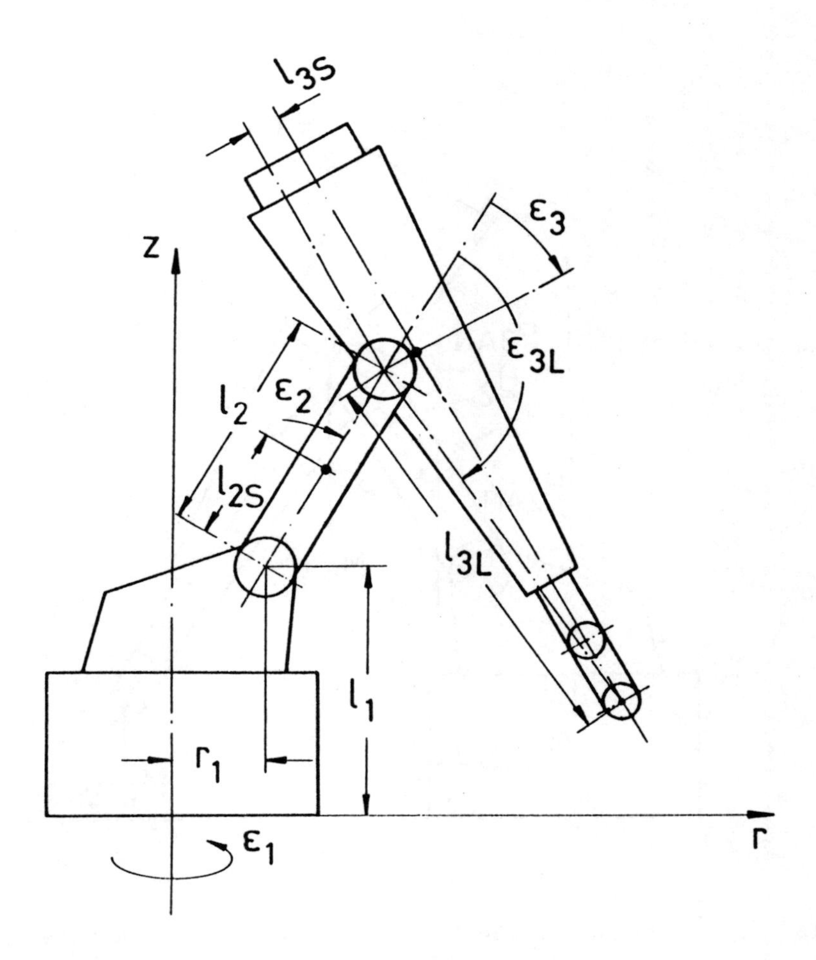


<u>Bild 3.2:</u> Festlegung von Längen und Winkeln

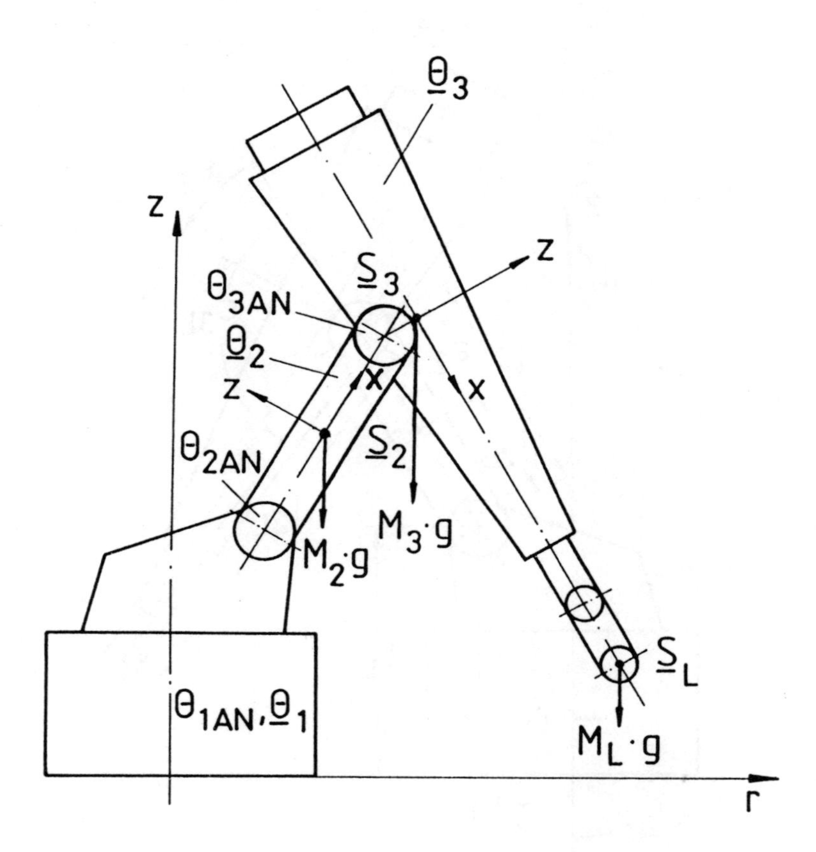


Bild 3.3: Festlegung von Trägheitsmomenten und Kräften

b. Da die mechanische Konstruktion des G60 recht steif ausgeführt ist, kann angenommen werden, daß Elastizitäten nur in den Getrieben auftreten. Für die Ableitung der Bewegungsgleichungen geschehe die Ankopplung der Armsegmente an den jeweiligen Antriebsmotor zunächst über starre Getriebe. Die Auswirkung von Elastizitäten wird später gesondert untersucht (Kapitel 5).

c. Die verteilten Massen der Armsegmente werden durch geometrisch einfache, homogene Starrkörper mit mindestens zwei orthogonalen Symmetrieebenen angenähert, so daß sich die Richtungen der Hauptträgheitsachsen leicht bestimmen lassen. Die körperfesten Koordinatensysteme werden so festgelegt, daß ihre Achsen in Richtung von Hauptträgheitsachsen zeigen und ihr Ursprung mit dem jeweiligen Schwerpunkt zusammenfällt (Bild 3.2). Dadurch vereinfacht sich später die Berechnung der Trägheitsmomente.

d. Die Massen der Antriebe werden als Bestandteil der Masse des jeweiligen Armsegmentes betrachtet, während die in je einem Rotationskörper zusammengefaßten Antriebsträgheitsmomente in Richtung der jeweiligen Antriebsachse gesondert aufgeführt sind. Die Handhabungslast wird als punktförmige Masse angenommen.

e. Es wird vorausgesetzt, daß außer Gravitationskräften keine externen Kräfte oder Momente am Roboter angreifen.

## 3.2 Herleitung der Bewegungsdifferentialgleichungen

Zur Beschreibung des dynamischen Verhaltens von Robotern sind im wesentlichen zwei Verfahren verbreitet, die die in den einzelnen Gelenken auftretenden Kräfte und Momente liefern. Ein Weg führt über die jeweiligen Kraft- und Momentengleichungen eines jeden Armsegmentes auf die Bewegungsgleichungen nach Newton und Euler, die durch ein rekursives Rechenverfahren ausgewertet werden /D2/.

Der zweite Weg zur Bestimmung der Bewegungsdifferentialgleichungen beruht auf den Langrangeschen Gleichungen der zweiten Art /G2,V1/, der für Roboterstrukturen mit nicht mehr als drei Bewegungsachsen die bessere Lösungsmöglichkeit darstellt, da er den Vorteil bietet, daß die einzelnen Komponenten der Bewegungsgleichungen explizit in analytischer Form anfallen und somit die einzelnen physikalischen Effekte anschaulich interpretiert werden können. Bei mehr als drei Achsen steigt allerdings der Rechenaufwand so stark an, daß es sich empfiehlt, den Weg der numerischen Berechnung durch Anwendung des Newton-Euler-Verfahrens zu gehen.

### 3.2.1 Die Lagrangeschen Gleichungen

Enthält ein System die kinetische Energie T und die potentielle Energie V, so gilt

$$\frac{d}{dt}\left[\frac{\partial L}{\partial \dot{q}_\nu}\right] - \frac{\partial L}{\partial q_\nu} = 0 \quad . \tag{3.1}$$

Dabei ist $L = T - V$ die Lagrange-Funktion des Systems, und $q_\nu$ sind sogenannte generalisierte Koordinaten /P3,S9/, für die im Fall eines Roboters die Gelenkwinkel $\varepsilon_\nu$ einzusetzen sind. Wirken auf das System nichtkonservative (äußere) Kräfte oder Momente, das sind beim Roboter Reibmomente $m_{\nu R}$ und Motormomente $m_\nu$, so gilt:

$$m_\nu = \frac{d}{dt}\left[\frac{\partial L}{\partial \omega_\nu}\right] - \frac{\partial L}{\partial \varepsilon_\nu} + m_{\nu R} \quad . \tag{3.2}$$

Die Richtung der Motormomente $m_\nu$ entspricht der Richtung der Gelenkwinkel $\varepsilon_\nu$; die Reibmomente $m_{\nu R}$ wirken den Motormomenten entgegen.

Die kinetische Energie eines starren Körpers ist zusammengesetzt aus einem rotatorischen und einem translatorischen Anteil:

$$T = T_{TRANS} + T_{ROT} \quad . \tag{3.3}$$

Die kinetische Energie der Translation entspricht der Energie, die der Körper besitzen würde, wenn sich alle seine Punkte mit derselben translatorischen Geschwindigkeit $\underline{v}_S$ wie der Schwerpunkt bewegen würden bzw. die gesamte Masse M im Schwerpunkt vereinigt wäre:

$$T_{TRANS} = \frac{1}{2} M \cdot \underline{v}_S{}^2 \quad . \tag{3.4}$$

Die kinetische Energie der Rotation entspricht der Energie, die der Körper bei einer Drehbewegung mit der Winkelgeschwindigkeit $\underline{\omega} = [\omega_x, \omega_y, \omega_z]^T$ um seine durch den festgehaltenen Schwerpunkt führenden Koordinatenachsen (x, y, z) besitzen würde.

Zur formelmäßigen Beschreibung der Rotationsenergie wird die Trägheitsmatrix $\underline{\Theta}$ des Körpers benötigt:

$$\underline{\Theta} = \begin{bmatrix} \Theta_{xx} & \Theta_{xy} & \Theta_{xz} \\ \Theta_{yx} & \Theta_{yy} & \Theta_{yz} \\ \Theta_{zx} & \Theta_{zy} & \Theta_{zz} \end{bmatrix} \quad . \tag{3.5}$$

Die Elemente der Hauptdiagonalen sind die Trägheitsmomente um die x-, y- bzw. z-Achse des Körpers; die übrigen Elemente bezeichnet man als Deviationsmomente /G2,P3,S9/.

Damit erhält man für die Rotationsenergie:

$$T_{ROT} = \frac{1}{2} (\omega_x{}^2 \cdot \Theta_{xx} + \omega_y{}^2 \cdot \Theta_{yy} + \omega_z{}^2 \cdot \Theta_{zz}) - \omega_x \cdot \omega_y \cdot \Theta_{xy} - \omega_y \cdot \omega_z \cdot \Theta_{yz} - \omega_z \cdot \omega_x \cdot \Theta_{zx} \quad . \tag{3.6}$$

Die Trägheits- und Deviationsmomente ($\Theta_{\nu\nu}$ bzw. $\Theta_{\mu\nu}$) sind bezogen auf ein Koordinatensystem im Schwerpunkt des Körpers. Liegen die Achsen des gewählten körperfesten Koordinatensystems in Richtung von Hauptträgheitsachsen, so verschwinden die Deviationsmomente und damit der untere Teil der Gleichung 3.6.

Anwendung auf den VW-Roboter G60

Für die Massenträgheitsmomente um die körperfesten Koordinatenachsen (hier: Trägheitshauptachsen) von Sockel, Armteil 2 und Armteil 3 des G60 gilt:

$$\underline{\Theta}_{\nu} = \begin{bmatrix} \Theta_{\nu x} & 0 & 0 \\ 0 & \Theta_{\nu y} & 0 \\ 0 & 0 & \Theta_{\nu z} \end{bmatrix} \quad \text{für} \quad \nu = 1,2,3 \quad . \qquad (3.7)$$

Bei den Massenträgheitsmomenten $\Theta_{1AN}$, $\Theta_{2AN}$ und $\Theta_{3AN}$ der Antriebe 1 bis 3 ist nur das Trägheitsmoment in Richtung der jeweiligen Antriebsachse von Interesse, da ein Beitrag nur in Verbindung mit der hohen Antriebswinkelgeschwindigkeit zustande kommt.

Die gesamte kinetische Energie eines Systems erhält man durch Summation der kinetischen Energien der einzelnen starren Körper, das sind im Fall des G60-Modells der Sockel, Armteil 2 und 3 sowie die drei Rotationskörper der Antriebe:

$$T_{G60} = \frac{1}{2} \Big[ \sum_{\nu=1}^{3} (\Theta_{\nu AN}\omega_{\nu AN}^{2} + \Theta_{\nu x}\omega_{\nu x}^{2} + \Theta_{\nu y}\omega_{\nu y}^{2} + \Theta_{\nu z}\omega_{\nu z}^{2})$$

$$+ M_{2}\underline{v}_{2s}^{2} + M_{3}\underline{v}_{3s}^{2} + M_{L}\underline{v}_{3L}^{2} \Big] \quad . \qquad (3.8)$$

Da Elastizitäten und externe Momente unberücksichtigt bleiben, wird die gesamte potentielle Energie nur durch das Gravitationsfeld bestimmt:

$$VG60 = M2gz2s + M3gz3s + MLgz3L \quad . \qquad (3.9)$$

Damit ergibt sich die Lagrange-Funktion zu:

$$L = \frac{1}{2} [ \Theta_{1AN}\omega_{1AN}^2 + \Theta_{1z}\omega_{1z}^2$$
$$+ \Theta_{2AN}\omega_{2AN}^2 + \Theta_{2x}\omega_{2x}^2 + \Theta_{2y}\omega_{2y}^2 + \Theta_{2y}\omega_{2z}^2 + M_2\underline{v}_{2s}^2$$
$$+ \Theta_{3AN}\omega_{3AN}^2 + \Theta_{3x}\omega_{3x}^2 + \Theta_{3y}\omega_{3y}^2 + \Theta_{3y}\omega_{3z}^2 + M_3\underline{v}_{3s}^2$$
$$+ M_L\underline{v}_{3L}^2 ]$$
$$- M_2 g z_{2s} - M_3 g z_{3s} - M_L g z_{3L} \quad . \qquad (3.10)$$

Vor Ausführung der Differentiationen zur Herleitung der Bewegungsgleichungen sind die Schwerpunktskoordinaten und -geschwindigkeiten bezogen auf das raumfeste Inertialsystem zu bestimmen. Dabei ist es zweckmäßig, die in kartesischer Formulierung in Kapitel 2 errechneten Gleichungen 2.4 bis 2.8 auf eine Darstellung in Zylinderkoordinaten umzurechnen. Weiterhin sind die in Richtung der Achsen des raumfesten Intertialsystems vorliegenden vektoriellen Winkelgeschwindigkeiten bezüglich der körperfesten Koordinatenachsen (Hauptträgheitsachsen) zu transformieren.

Zylinderkoordinaten der Schwerpunkte des Armteils 2, des Armteils 3 und der Handhabungslast:

$$\underline{S}_2 = \begin{bmatrix} r_{2s} \\ \varepsilon_1 \\ z_{2s} \end{bmatrix} = \begin{bmatrix} r_1 + l_{2s}\sin\varepsilon_2 \\ \varepsilon_1 \\ l_1 + l_{2s}\cos\varepsilon_2 \end{bmatrix} , \qquad (3.11)$$

$$\underline{S}_3 = \begin{bmatrix} r_{3s} \\ \varepsilon_1 \\ z_{3s} \end{bmatrix} = \begin{bmatrix} r_1 + l_2\sin\varepsilon_2 + l_{3s}\sin(\varepsilon_2+\varepsilon_3) \\ \varepsilon_1 \\ l_1 + l_2\cos\varepsilon_2 + l_{3s}\cos(\varepsilon_2+\varepsilon_3) \end{bmatrix} , \qquad (3.12)$$

$$\underline{s}_L = \begin{bmatrix} r_{3L} \\ \varepsilon_1 \\ z_{3L} \end{bmatrix} = \begin{bmatrix} r_1 + l_2 \sin\varepsilon_2 + l_{3L}\sin(\varepsilon_2+\varepsilon_{3L}) \\ \varepsilon_1 \\ l_1 + l_2\cos\varepsilon_2 + l_{3L}\cos(\varepsilon_2+\varepsilon_{3L}) \end{bmatrix} . \qquad (3.13)$$

Translatorische Geschwindigkeiten in den Schwerpunkten mit radialer, tangentialer und vertikaler Komponente:

$$\underline{v}_{2s} = \begin{bmatrix} \dot{r}_{2s} \\ r_{2s}\cdot\omega_1 \\ \dot{z}_{2s} \end{bmatrix} = \begin{bmatrix} l_{2s}\cos\varepsilon_2\cdot\omega_2 \\ (r_1 + l_{2s}\sin\varepsilon_2)\cdot\omega_1 \\ -l_{2s}\sin\varepsilon_2\cdot\omega_2 \end{bmatrix} , \qquad (3.14)$$

$$\underline{v}_{3s} = \begin{bmatrix} \dot{r}_{3s} \\ r_{3s}\cdot\omega_1 \\ \dot{z}_{3s} \end{bmatrix} = \begin{bmatrix} l_2\cos\varepsilon_2\cdot\omega_2 + l_{3s}\cos(\varepsilon_2+\varepsilon_3)\cdot(\omega_2+\omega_3) \\ (r_1 + l_2\sin\varepsilon_2 + l_{3s}\sin(\varepsilon_2+\varepsilon_3))\cdot\omega_1 \\ -l_2\sin\varepsilon_2\cdot\omega_2 - l_{3s}\sin(\varepsilon_2+\varepsilon_3)\cdot(\omega_2+\omega_3) \end{bmatrix} , \qquad (3.15)$$

$$\underline{v}_{3L} = \begin{bmatrix} \dot{r}_{3L} \\ r_{3L}\cdot\omega_1 \\ \dot{z}_{3L} \end{bmatrix} = \begin{bmatrix} l_2\cos\varepsilon_2\cdot\omega_2 + l_{3L}\cos(\varepsilon_2+\varepsilon_{3L})\cdot(\omega_2+\omega_3) \\ (r_1 + l_2\sin\varepsilon_2 + l_{3L}\sin(\varepsilon_2+\varepsilon_{3L}))\cdot\omega_1 \\ -l_2\sin\varepsilon_2\cdot\omega_2 - l_{3L}\sin(\varepsilon_2+\varepsilon_{3L})\cdot(\omega_2+\omega_3) \end{bmatrix} . \qquad (3.16)$$

Es gilt $\omega_3 = \omega_{3L}$ .

Winkelgeschwindigkeiten in Richtung der Trägheitshauptachsen von Sockel, Armteil 2 und Armteil 3:

$$\underline{\omega}_1 = \begin{bmatrix} \omega_{1x} \\ \omega_{1y} \\ \omega_{1z} \end{bmatrix} = \begin{bmatrix} 0 \\ 0 \\ \omega_1 \end{bmatrix} , \qquad (3.17)$$

$$\underline{\omega}_2 = \begin{bmatrix} \omega_{2x} \\ \omega_{2y} \\ \omega_{2z} \end{bmatrix} = \begin{bmatrix} \cos\varepsilon_2 \cdot \omega_1 \\ \omega_2 \\ \sin\varepsilon_2 \cdot \omega_1 \end{bmatrix} , \tag{3.18}$$

$$\underline{\omega}_3 = \begin{bmatrix} \omega_{3x} \\ \omega_{3y} \\ \omega_{3z} \end{bmatrix} = \begin{bmatrix} -\sin(\varepsilon_2+\varepsilon_3) \cdot \omega_1 \\ \omega_2 + \omega_3 \\ \cos(\varepsilon_2+\varepsilon_3) \cdot \omega_1 \end{bmatrix} . \tag{3.19}$$

Winkelgeschwindigkeiten der Antriebe 1 bis 3 in Richtung der Antriebsachsen:

$$\omega_{1AN} = \ddot{u}_1 \cdot \omega_1 , \tag{3.20}$$

$$\omega_{2AN} = \ddot{u}_2 \cdot \omega_2 \tag{3.21}$$

und da die Antriebsachsen 2 und 3 parallel angeordnet sind

$$\omega_{3AN} = \ddot{u}_3 \cdot \omega_3 + \omega_2 . \tag{3.22}$$

### 3.2.2 Ausführung der Berechnungen

Antriebsmoment Achse 1:

$$m_1 = ü_1 m_{1AN} = \frac{d}{dt}\left[\frac{\partial L}{\partial \omega_1}\right] - \frac{\partial L}{\partial \varepsilon_1} + m_{1R} \quad , \tag{3.23}$$

$$\begin{aligned}
m_1 = \; & [\; ü_1^2 \Theta_{1AN} + \Theta_{1z} + \Theta_{2x}\cdot\cos^2\varepsilon_2 + \Theta_{2z}\cdot\sin^2\varepsilon_2 \\
& + \Theta_{3x}\cdot\sin^2(\varepsilon_2+\varepsilon_3) + \Theta_{3z}\cdot\cos^2(\varepsilon_2+\varepsilon_3) \\
& + M_2\cdot(r_1 + l_{2s}\sin\varepsilon_2)^2 \\
& + M_3\cdot(r_1 + l_2\sin\varepsilon_2 + l_{3s}\sin(\varepsilon_2+\varepsilon_3))^2 \\
& + M_L\cdot(r_1 + l_2\sin\varepsilon_2 + l_{3L}\sin(\varepsilon_2+\varepsilon_{3L}))^2 \;]\cdot\dot{\omega}_1 \\
+ \; & [\; (\Theta_{2z}-\Theta_{2x})\cdot\sin\varepsilon_2\cos\varepsilon_2 \\
& + (\Theta_{3x}-\Theta_{3z})\cdot\sin(\varepsilon_2+\varepsilon_3)\cos(\varepsilon_2+\varepsilon_3) \\
& + M_2\cdot(r_1 + l_{2s}\sin\varepsilon_2)l_{2s}\cos\varepsilon_2 \\
& + M_3\cdot(r_1 + l_2\sin\varepsilon_2 + l_{3s}\sin(\varepsilon_2+\varepsilon_3)) \\
& \quad \cdot(l_2\cos\varepsilon_2 + l_{3s}\cos(\varepsilon_2+\varepsilon_3)) \\
& + M_L\cdot(r_1 + l_2\sin\varepsilon_2 + l_{3L}\sin(\varepsilon_2+\varepsilon_{3L})) \\
& \quad \cdot(l_2\cos\varepsilon_2 + l_{3L}\cos(\varepsilon_2+\varepsilon_{3L})) \;] \qquad \cdot 2\omega_1\omega_2 \\
+ \; & [\; (\Theta_{3x}-\Theta_{3z})\cdot\sin(\varepsilon_2+\varepsilon_3)\cos(\varepsilon_2+\varepsilon_3) \\
& + M_3\cdot(r_1 + l_2\sin\varepsilon_2 + l_{3s}\sin(\varepsilon_2+\varepsilon_3)) \\
& \quad \cdot(l_{3s}\cos(\varepsilon_2+\varepsilon_3)) \\
& + M_L\cdot(r_1 + l_2\sin\varepsilon_2 + l_{3L}\sin(\varepsilon_2+\varepsilon_{3L})) \\
& \quad \cdot(l_{3L}\cos(\varepsilon_2+\varepsilon_{3L})) \;] \qquad \cdot 2\omega_1\omega_3 \\
+ \; & m_{1R} \quad ,
\end{aligned}$$

abgekürzt:

$$\begin{aligned}
m_1 = \; & [\; ü_1^2 \Theta_{1AN} + \Theta_{1GES}(\varepsilon_2,\varepsilon_3) \;]\cdot\dot{\omega}_1 \\
& + C_{12}(\varepsilon_2,\varepsilon_3)\cdot 2\omega_1\omega_2 + C_{13}(\varepsilon_2,\varepsilon_3)\cdot 2\omega_1\omega_3 \quad .
\end{aligned} \tag{3.24}$$

Antriebsmoment Achse 2:

$$m_2 = \ddot{u}_2 m_{2AN} = \frac{d}{dt}\left[\frac{\partial L}{\partial \omega_2}\right] - \frac{\partial L}{\partial \varepsilon_2} + m_{2R} + m_{PNEU} \quad , \qquad (3.25)$$

$$\begin{aligned}
m_2 = \; & [\; \ddot{u}_2^{\,2}\Theta_{2AN} + \Theta_{2y} + \Theta_{3y} + \Theta_{3AN} + M_2 l_{2s}^{\,2} \\
& + M_3\cdot(l_2^{\,2} + 2 l_2 l_{3s}\cos\varepsilon_3 + l_{3s}^{\,2}) \\
& + M_L\cdot(l_2^{\,2} + 2 l_2 l_{3L}\cos\varepsilon_{3L} + l_{3L}^{\,2}) \;] \qquad \cdot\dot{\omega}_2 \\
& + [\; \ddot{u}_3\Theta_{3AN} + \Theta_{3y} \\
& + M_3\cdot(l_{3s}^{\,2} + l_2 l_{3s}\cos\varepsilon_3) \\
& + M_L\cdot(l_{3L}^{\,2} + l_2 l_{3L}\cos\varepsilon_{3L}) \;] \qquad \cdot\dot{\omega}_3 \\
& - [\; M_3\cdot l_2 l_{3s}\sin\varepsilon_3 + M_L\cdot l_2 l_{3L}\sin\varepsilon_{3L} \;] \qquad \cdot 2\omega_2\omega_3 \\
& - [\; M_3\cdot l_2 l_{3s}\sin\varepsilon_3 + M_L\cdot l_2 l_{3L}\sin\varepsilon_{3L} \;] \qquad \cdot\omega_3 \\
& - [\; (\Theta_{2z}-\Theta_{2x})\cdot\sin\varepsilon_2\cos\varepsilon_2 \\
& + (\Theta_{3x}-\Theta_{3z})\cdot\sin(\varepsilon_2+\varepsilon_3)\cos(\varepsilon_2+\varepsilon_3) \\
& + M_2\cdot(r_1 + l_{2s}\sin\varepsilon_2)\, l_{2s}\cos\varepsilon_2 \\
& + M_3\cdot(r_1 + l_2\sin\varepsilon_2 + l_{3s}\sin(\varepsilon_2+\varepsilon_3)) \\
& \quad \cdot(l_2\cos\varepsilon_2 + l_{3s}\cos(\varepsilon_2+\varepsilon_3)) \\
& + M_L\cdot(r_1 + l_2\sin\varepsilon_2 + l_{3L}\sin(\varepsilon_2+\varepsilon_{3L})) \\
& \quad \cdot(l_2\cos\varepsilon_2 + l_{3L}\cos(\varepsilon_2+\varepsilon_{3L})) \;] \qquad \cdot\omega_1^{\,2} \\
& - M_2 g\cdot l_{2s}\sin\varepsilon_2 \\
& - M_3 g\cdot(l_2\sin\varepsilon_2 + l_{3s}\sin(\varepsilon_2+\varepsilon_3)) \\
& - M_L g\cdot(l_2\sin\varepsilon_2 + l_{3L}\sin(\varepsilon_2+\varepsilon_{3L})) \\
& + m_{PNEU} + m_{2R} \quad ,
\end{aligned}$$

abgekürzt:

$$m_2 = (\ddot{u}_2^{\,2}\Theta_{2AN} + \Theta_{2GES}(\varepsilon_3))\cdot\dot{\omega}_2 + A_{23}(\varepsilon_3)\cdot\dot{\omega}_3$$
$$- C_{23}(\varepsilon_3)\cdot 2\omega_2\omega_3 - Z_{23}(\varepsilon_3)\cdot\omega_3^{\,2} - Z_{12}(\varepsilon_2,\varepsilon_3)\cdot\omega_1^{\,2}$$
$$- G_2(\varepsilon_2,\varepsilon_3) + m_{PNEU} + m_{2R} \quad . \tag{3.26}$$

Antriebsmoment Achse 3:

$$m_3 = \ddot{u}_3 m_{3AN} = \frac{d}{dt}\left[\frac{\partial L}{\partial \omega_3}\right] - \frac{\partial L}{\partial \varepsilon_3} + m_{3R} \quad , \tag{3.27}$$

$$\begin{aligned}
m_3 = \; & [\,\ddot{u}_3^{\,2}\Theta_{3AN} + \Theta_{3y} + M_3 l_{3s}^{\,2} + M_{L3L}^{\,2}\,] && \cdot\dot{\omega}_3 \\
& + [\,\ddot{u}_3\Theta_{3AN} + \Theta_{3y} \\
& \quad + M_3\cdot(l_{3s}^{\,2} + l_2 l_{3s}\cos\varepsilon_3) \\
& \quad + M_L\cdot(l_{3L}^{\,2} + l_2 l_{3L}\cos\varepsilon_{3L})\,] && \cdot\dot{\omega}_2 \\
& + [\,M_3\cdot l_2 l_{3s}\sin\varepsilon_3 + M_L\cdot l_2 l_{3L}\sin\varepsilon_{3L}\,] && \cdot\omega_2 \\
& - [\,(\Theta_{3x}-\Theta_{3z})\cdot\sin(\varepsilon_2+\varepsilon_3)\cos(\varepsilon_2+\varepsilon_3) \\
& \quad + M_3\cdot(r_1 + l_2\sin\varepsilon_2 + l_{3s}\sin(\varepsilon_2+\varepsilon_3)) \\
& \qquad \cdot(l_{3s}\cos(\varepsilon_2+\varepsilon_3)) \\
& \quad + M_L\cdot(r_1 + l_2\sin\varepsilon_2 + l_{3L}\sin(\varepsilon_2+\varepsilon_{3L})) \\
& \qquad \cdot(l_{3L}\cos(\varepsilon_2+\varepsilon_{3L}))\,] && \cdot\omega_1^{\,2} \\
& - M_3 g\cdot l_{3s}\sin(\varepsilon_2+\varepsilon_3) \\
& - M_L g\cdot l_{3L}\sin(\varepsilon_2+\varepsilon_{3L}) \\
& + m_{3R} \quad ,
\end{aligned}$$

abgekürzt:

$$m_3 = (\ddot{u}^3\Theta_{3AN} + \Theta_{3GES}(\varepsilon_3))\cdot\dot{\omega}_3 + A_{23}(\varepsilon_3)\cdot\dot{\omega}_2 + Z_{23}(\varepsilon_3)\cdot\omega_2^{\,2} - Z_{13}(\varepsilon_2,\varepsilon_3)\cdot\omega_1^{\,2} - G_3(\varepsilon_2,\varepsilon_3) + m_{3R} \quad . \qquad (3.28)$$

<u>Erläuterung der Abkürzungen:</u>

| | |
|---|---|
| $\Theta_{1GES}(\varepsilon_2,\varepsilon_3)$ | für Achse 1 wirksames Drehträgheitsmoment als Funktion von $\varepsilon_2$ und $\varepsilon_3$ bzw. $\varepsilon_{3L}$ |
| $\Theta_{2GES}(\varepsilon_3)$ | für Achse 2 wirksames Drehträgheitsmoment als Funktion von $\varepsilon_3$ |
| $\Theta_{3GES}(\varepsilon_3)$ | für Achse 3 wirksames Drehträgheitsmoment als Funktion von $\varepsilon_3$ |
| $C_{12}(\varepsilon_2,\varepsilon_3)$ | Faktor für das Coriolismoment, verursacht durch Achse 2 bezüglich Achse 1 |
| $C_{13}(\varepsilon_2,\varepsilon_3)$ | Faktor für das Coriolismoment, verursacht durch Achse 3 bezüglich Achse 1 |
| $C_{23}(\varepsilon_3)$ | Faktor für das Coriolismoment, verursacht durch Achse 3 bezüglich Achse 2 |
| $Z_{23}(\varepsilon_3)$ | Faktor für das Zentrifugalmoment in Achse 2, verursacht durch Achse 3 bzw. Faktor für das Zentripetalmoment in Achse 3, verursacht durch Achse 2 |
| $Z_{12}(\varepsilon_2,\varepsilon_3)$ | Faktor für das Zentripetalmoment in Achse 2, verursacht durch Achse 1 |
| $Z_{13}(\varepsilon_2,\varepsilon_3)$ | Faktor für das Zentripetalmoment in Achse 3, verursacht durch Achse 1 |
| $A_{23}(\varepsilon_3)$ | Faktor für Abstützmomente zwischen Achse 2 und Achse 3 |
| $G_2(\varepsilon_2,\varepsilon_3)$ | in Achse 2 wirksames Gravitationsmoment |
| $G_3(\varepsilon_2,\varepsilon_3)$ | in Achse 3 wirksames Gravitationsmoment |
| $m_{PNEU}$ | in Achse 2 zum Ausgleich von Gewichtskräften wirksames Pneumatikzylinder-Moment |

Da Achse 1 senkrecht zu den Achsen 2 und 3 steht, können in Achse 1 durch Bewegungen in den Achsen 2 und 3 keine Zentrifugalmomente auftreten, während Achse 1 umgekehrt in den Achsen 2 und 3 keine Coriolismomente verursacht. Die Koeffizienten der in den Achsen 2 und 3 angreifenden Zentripetalmomente $Z_{12}$ und $Z_{13}$ sind identisch mit den Koeffizienten $C_{12}$ bzw. $C_{13}$ der in Achse 1 wirkenden Coriolismomente.

Außer einem Zentrifugalmoment verursacht eine Bewegung der Achse 3 ein Coriolismoment in der Achse 2, für dessen Koeffizient $C_{23} = Z_{23}$ gilt. In Achse 3 wirkt dagegen kein Coriolismoment.

## 3.3 Quantitative Auswertung

Ziel der quantitativen Auswertung ist lediglich eine Abschätzung der Größenordnung der einzelnen Trägheits- und Koppelmomente, um beurteilen zu können, inwieweit sie bei der Auslegung einer Regelung zu berücksichtigen sind. In Tabelle 3.1 sind die in den Bewegungsgleichungen auftretenden Parameter zahlenmäßig aufgeführt, wobei die Angaben jeweils auf die Getriebeabtriebseite umgerechnet wurden. Nach Einsetzen der Zahlenwerte und einer Extremwertbestimmung in Abhängigkeit von $\varepsilon_2$ und $\varepsilon_3$ ergeben sich die in Tabelle 3.2 eingetragenen Variationsbereiche der Trägheits- und Koppelmomente. Die eingeklammerten Zahlenwerte gelten für Bewegungen ohne zusätzliche Handhabungslast. Berücksichtigt wurden in der Berechnung die eingeschränkten Verstellbereiche der Winkel $\varepsilon_2$ und $\varepsilon_3$:

$$-35° < \varepsilon_2 < 75°$$
$$-60° < \varepsilon_3 < 60°$$

Auf eine Ableitung des Momentenverlaufs $m_{PNEU}(\varepsilon_2)$ des Pneumatikzylinders wird hier verzichtet /G1,K3/. Der Zylinder kompensiert die Gewichtsmomente um Achse 2 und entlastet damit sowohl Stellglied als auch Regelung.

Bei einer Betrachtung der Tabelle 3.2 ist gut zu erkennen, daß die Variationsbereiche der Trägheits- und Koppelmomente im Vergleich mit den auf die Getriebeabtriebseite umgerechneten Trägheits- bzw. Antriebsmomenten der Motoren verhältnismäßig klein ausfallen. Nur die veränderlichen Gewichtsmomente erreichen die Größe der Motormomente, ändern sich aber stetig als Funktion der Gelenkwinkel, so daß sie durch eine Regelung leicht beherrscht werden können. Will man dennoch die Verkopplungen zwischen den einzelnen Achsen bei der Auslegung einer Roboterregelung berücksichtigen, so muß man mit gleicher Aufmerksamkeit auch nichtlineare Reibeffekte in die Überlegungen mit einbeziehen /K3/.

Da auch die Antriebseinheiten der Handachsen mit hochuntersetzenden Getrieben ausgerüstet sind, kann man in guter Näherung von einem weitgehend entkoppelten, gleichartigen dynamischen Verhalten aller sechs Achsen des VW-Roboters G60 ausgehen.

Die größte Einschränkung bei der Untersuchung der Roboterdynamik ist die Annahme starrer Getriebe, da sie nur dann zulässig ist, wenn eine der Regelung unterlagerte Schwingungsdämpfung eine Versteifung der Getriebe bewirkt (Kapitel 5). Ebenfalls kann eine geeignete Führungsgrößenerzeugung von vornherein eine Anregung von Schwingungen vermeiden (Kapitel 6).

Fehlende Herstellerangaben über Masseverteilungen beim Roboter G60 verhindern eine genaue Berechnung aller Effekte, nennenswerte Abweichungen können aber nur bei der Angabe der Trägheitsmomente der einzelnen Armsegmente auftreten. Diese Abweichungen treten im Vergleich zu den wesentlich größeren Trägheitsmomenten der Antriebe in den Hintergrund und ändern nichts an den prinzipiellen Aussagen über die Roboterdynamik.

| | Symbol | Achse bzw. Armsegment 1 | 2 | 3 | Einheit |
|---|---|---|---|---|---|
| Arm-Massen | $M_\nu$ | - | 120 | 220 | kg |
| Handhabungslast | $M_L$ | - | - | 60 | kg |
| Massenträgheits- | $\Theta_{\nu x}$ | - | 40 | 10 | $kgm^2$ |
| momente der | $\Theta_{\nu y}$ | - | 40 | 50 | $kgm^2$ |
| Armsegmente | $\Theta_{\nu z}$ | 30 | 80 | 50 | $kgm^2$ |
| Massenträgheits-momente der Antriebe | $\ddot{u}_\nu^2 \Theta_{\nu AN}$ | 1925 | 2185 | 455 | $kgm^2$ |
| Längen der Armsegmente | $l_\nu$ | - | 0.8 | - | m |
| Abstand zwischen Schwerpunkt und Antriebsachse | $l_{\nu S}$ | - | 0.4 | 0.12 | m |
| Abstand der Last von Achse 3 | $l_{3L}$ | - | - | 1.4 | m |
| Abstand zwischen Achse 1 und 2 | $r_1$ | - | 0.3 | - | m |
| maximale Winkel-beschleunigung | $\dot{\omega}_{\nu MAX}$ | 3.72 | 1.89 | 1.91 | $1/s^2$ |
| maximale Winkel-geschwindigkeit | $\omega_{\nu MAX}$ | 1.04 | 0.86 | 1.52 | 1/s |
| Getriebe-übersetzung | $\ddot{u}_\nu$ | 302 | 364 | 207 | - |
| Motornennmoment | $\ddot{u}_\nu \cdot m_{\nu AN}$ | 4320 | 5200 | 1990 | Nm |
| Nennleistung | $P_\nu$ | 4.5 | 4.5 | 3 | kW |
| Coulombsche Reibung | $m_{\nu r}$ | 10 | 10 | 20 | % *) |
| max. geschwindig-keitsproportionale Reibung | | 25 | 25 | 35 | % *) |

Tabelle 3.1: Zahlenwerte VW-Roboter G60

*) bezogen auf Motornennmoment

| | | | |
|---|---|---|---|
| $\ddot{u}_1^2\Theta_{1AN}$ | +1925 | | $kgm^2$ |
| $\ddot{u}_2^2\Theta_{2AN}$ | +2185 | | $kgm^2$ |
| $\ddot{u}_3^2\Theta_{3AN}$ | + 455 | | $kgm^2$ |
| $\Theta_{1GES}(\varepsilon_2,\varepsilon_3)$ | + 80... 770 | (+ 80... 420) | $kgm^2$ |
| $\Theta_{2GES}(\varepsilon_3)$ | + 320... 550 | (+ 270... 300) | $kgm^2$ |
| $\Theta_{3GES}$ | + 170 | (+ 55) | $kgm^2$ |
| $\ddot{u}_1 m_{1AN}$ | ±4320 | | Nm |
| $\ddot{u}_2 m_{2AN}$ | ±5200 | | Nm |
| $\ddot{u}_3 m_{3AN}$ | ±1990 | | Nm |
| $m_{1RMAX}$ | 1510 | | Nm |
| $m_{2RMAX}$ | 1820 | | Nm |
| $m_{3RMAX}$ | 700 | | Nm |
| $C_{12}(\varepsilon_2,\varepsilon_3)\cdot 2\omega_1\omega_2$ | - 140... 590 | (- 90... 320) | Nm |
| $C_{13}(\varepsilon_2,\varepsilon_3)\cdot 2\omega_1\omega_3$ | - 410... 380 | (- 60... 90) | Nm |
| $C_{23}(\varepsilon_2,\varepsilon_3)\cdot 2\omega_2\omega_3$ | + 30... 180 | (- 50... 50) | Nm |
| $Z_{23}(\varepsilon_2,\varepsilon_3)\cdot \omega_3^2$ | + 20... 160 | (- 50... 50) | Nm |
| $Z_{12}(\varepsilon_2,\varepsilon_3)\cdot \omega_1^2$ | - 80... 360 | (- 50... 190) | Nm |
| $Z_{13}(\varepsilon_2,\varepsilon_3)\cdot \omega_1^2$ | - 140... 130 | (- 20... 30) | Nm |
| $A_{23}(\varepsilon_2,\varepsilon_3)\cdot \dot{\omega}_3$ | + 240... 450 | (+ 135... 150) | Nm |
| $A_{23}(\varepsilon_2,\varepsilon_3)\cdot \dot{\omega}_2$ | + 240... 450 | (+ 135... 150) | Nm |
| $G_2(\varepsilon_2,\varepsilon_3)$ | -1730...3480 | (-1430...2400) | Nm |
| $G_3(\varepsilon_2,\varepsilon_3)$ | - 380... 890 | (- 260... 260) | Nm |
| $m_{PNEU}$ | -2400...1200 | | Nm |

Tabelle 3.2: Variationsbereiche der Trägheitsmomente und der Koppelmomente

# 4. Regelung auf Gelenkebene

Bei den meisten gegenwärtig eingesetzten Industrierobotern erfolgen Drehzahl- und Stromregelung der Achsmotoren mit festeingestellten, analogen Reglern, während die genaue Lageregelung digital ausgeführt ist. Für eine schnelle Gelenkregelung mit minimalem dynamischen Bahnfehler ist es jedoch vorteilhaft, auch die Drehzahlregelung zu digitalisieren, um Reglerparameter an variable Trägheitsmomente anpassen oder direkt auf den Stromsollwert eingreifen zu können. Dynamische Verbesserungen der Gelenkregelung durch eine Vorsteuerung der Sollbeschleunigung und durch Störgrößenaufschaltungen zur Entkopplung der Gelenkregelkreise erfordern einen digitalen Stromsollwert. Im Interesse quasistetiger Signalverläufe sind die Regelalgorithmen in Berücksichtigung der Moment-Anregelzeit der Stromregelkreise (Kapitel 2) innerhalb von einer Millisekunde zu berechnen.

## 4.1 Vorsteuerung der Gelenkregelkreise

Für die einzelnen Achsregelkreise wurde eine Kaskadenstruktur /L3/ gewählt, die die Vorteile einer einfachen Inbetriebnahme und einer schnellen Ausregelung innerer Störgrößen bietet. Bild 4.1 zeigt das Blockschaltbild eines Achsregelkreises mit Führungsgrößenerzeugung und Drehzahlermittlung. In dieser Darstellung wird ein auf Gelenkebene wirkender Führungsgrößengenerator gezeigt, der bei einer Führungsgrößenvorgabe in kartesischen Koordinaten durch das in Kapitel 2 beschriebene Filter zur numerischen Differentiation der Gelenkwinkelsollwerte zu ersetzen ist. Um einen minimalen dynamischen Bahnfehler zu erzielen, wird die Sollbeschleunigung bzw. -drehzahl auf die entsprechenden Regler aufgeschaltet. Damit wird der Nachteil der Kaskadenregelung, die von innen nach außen zunehmende Ersatzzeitkonstante, vollständig aufgehoben; die inneren Regler werden aktiviert, ohne daß der jeweils übergeordnete eine Abweichung bemerkt. Der Drehzahlregler muß somit nur noch Reib- und Koppelmomente ausgleichen, und die Aufgabe des Lagereglers beschränkt sich auf eine

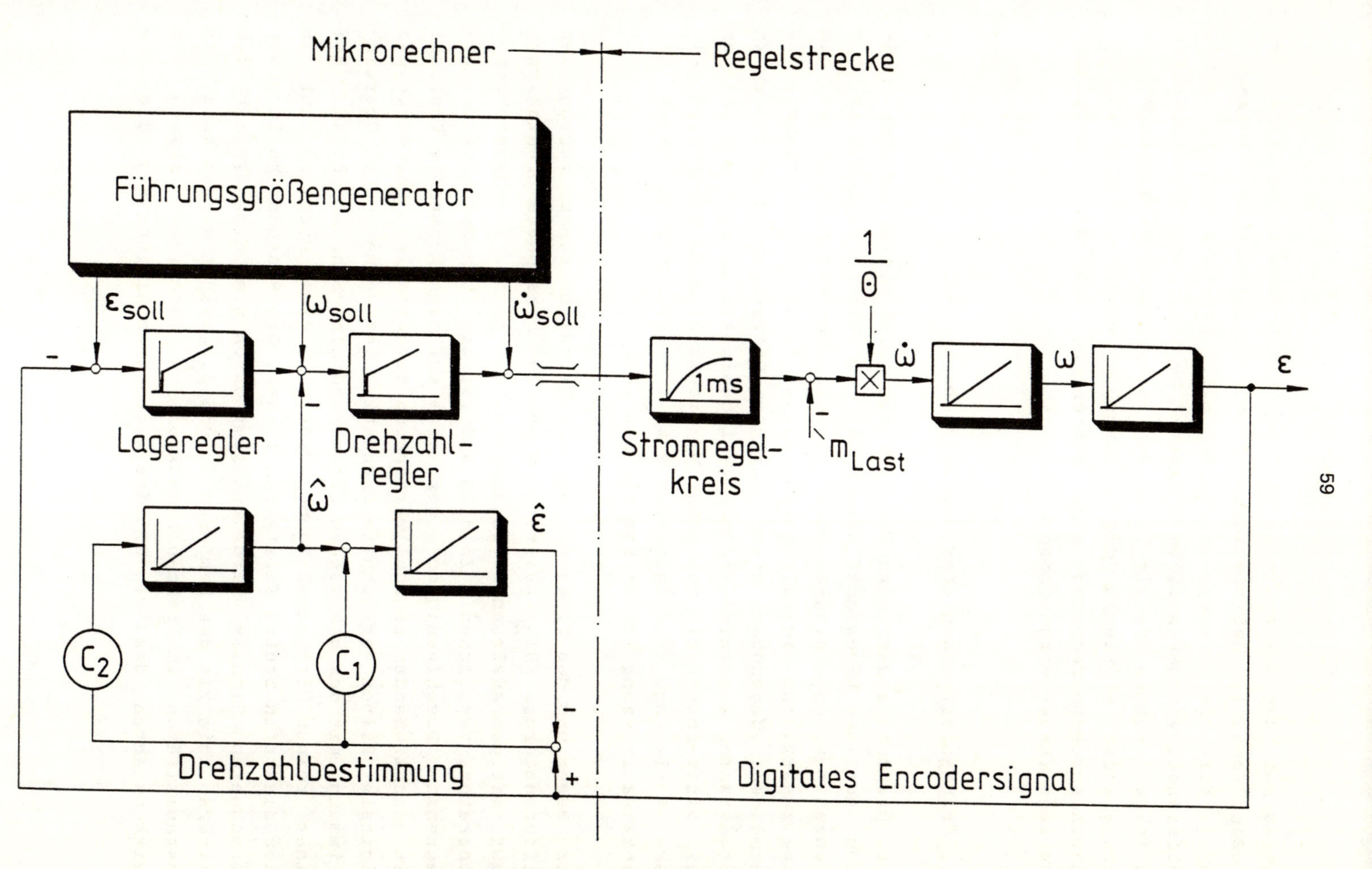


**Bild 4.1:** Regelstruktur auf Gelenkebene

Überwachung des Drehzahlregelkreises. Die Vorsteuerung bietet den großen Vorteil, daß sie keine Stabilitätsprobleme verursachen kann. Weil die Achsregelkreise mit Hilfe der Vorsteuerung nahezu vollständig von der Aufgabe entlastet werden, den Führungsgrößen zu folgen, können die als Folge der verkoppelten Bewegungsabläufe auftretenden Störungen gut unterdrückt werden, zumal in der Führungsgrößenberechnung eine Begrenzung des Beschleunigungsanstiegs (Ruck) vorgenommen wird.

## 4.2 Drehzahlerfassung über digitales Filter

Der Drehzahlistwert wird über ein digitales Filter zweiter Ordnung aus dem Lagesignal berechnet, um die üblicherweise zur Drehzahlmessung eingesetzten Gleichstrom-Tachogeneratoren und eine zusätzliche Digitalisierung der analogen Drehzahlsignale zu vermeiden. Gegenüber einer einfachen Differenzbildung zweier im Abtastraster aufeinanderfolgender Lagesignale liefert das Filter bei einer Abtastzeit von einer Millisekunde eine wesentlich bessere Auflösung. Ein typischer Wert für die Auflösung einer Gelenkwinkelmessung ist 16 Bit für $360^{\circ}$.

Zur Bewertung des Filters, das das Verhalten eines verzögerten Differenzierers ($DT_2$) besitzt, wurde der berechnete Drehzahlverlauf mit dem analogen Ausgangssignal des noch vorhandenen Tachogenerators verglichen. In Bild 4.2 ist die bahngeführte, ruckbegrenzte Beschleunigung einer Achse auf eine konstante Drehzahl mit anschließendem Lagesollwertsprung dargestellt. Die durch das digitale Filter errechnete Drehzahl zeigt eine gute Übereinstimmung mit dem gemessenen Signal und eine hohe Auflösung. Bei einer reinen Differenzbildung würde sich diese Drehzahl nur in vier diskreten Stufen darstellen lassen. Die Phasennacheilung des berechneten Signals wird bestimmt durch die Eigendynamik des Filters, die mit den Faktoren $C_1$ und $C_2$ gewählt werden kann. Um Instabilitäten im Drehzahlregelkreis zu vermeiden, müssen die Zeitkonstanten des $DT_2$-Gliedes wesentlich kleiner als die der

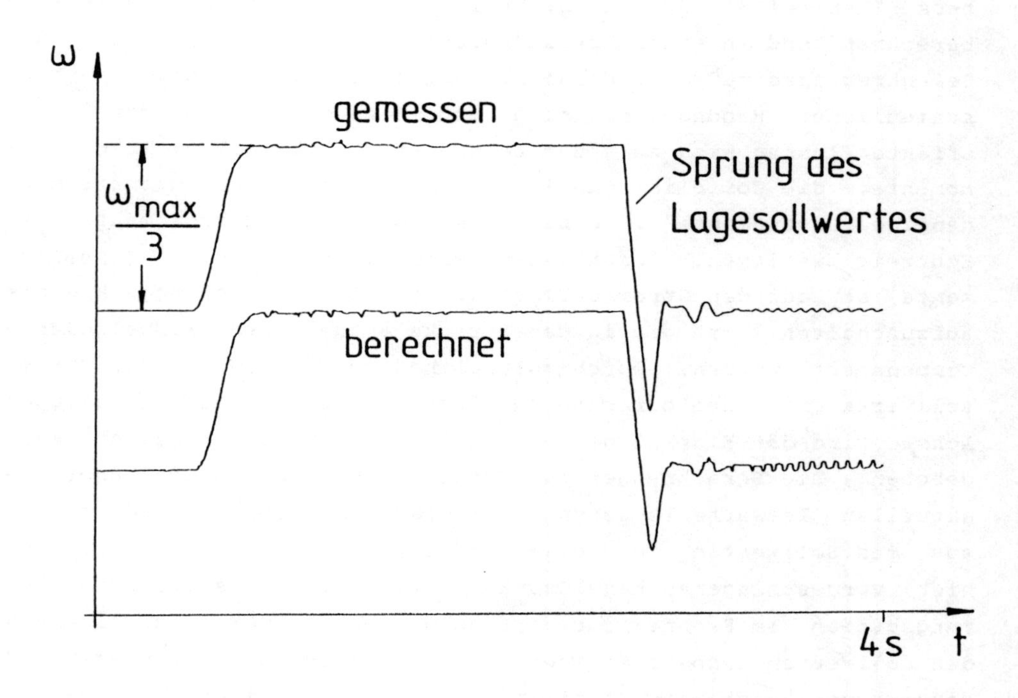


Bild 4.2: Vergleich zwischen gemessener und errechneter Drehzahl

Regelstrecke sein. Die Übertragungsfunktion dieses Filtertyps wurde bereits in Kapitel 2 abgeleitet (Gleichung 2.26).

## 4.3 Entkopplung der Gelenkregelkreise

Um auf Gelenkebene für die einzelnen Antriebsregelungen ein gleichartiges dynamisches Verhalten zu erzielen, sind die Komponenten der Bewegungsdifferentialgleichungen eines Gelenkarmroboters (Kapitel 3) für eine nichtlineare Systementkopplung /F1/ zu berechnen und in einer Art Störgrößenaufschaltung /L2/ in die Gelenkregelkreise einzubringen. Abgesehen vom Einfluß unterschiedlicher Handhabungslasten und temperaturabhängiger Reibeffekte lassen sich zu jedem Zeitpunkt die variablen Trägheitsmomente, die Coriolis- und Zentrifugalmomente sowie geometrieabhängige Lastmomente in einem leistungsfähigen Mikrocomputer in Echtzeit bestimmen. Anschließend sind die berechneten Koppelmomente so auf den Stromsollwert des jeweiligen Achsregelkreises aufzuschalten, daß die in der Strecke enthaltenen Koppelmomente kompensiert werden. Durch multiplikative Verknüpfung der Stromsollwerte mit dem berechneten Trägheitsmoment der jeweiligen Achse wird der Einfluß geometrieabhängiger Trägheitsmomente aufgehoben. Die Berechnungen zur Entkopplung können sowohl über die aktuellen Istwerte (sogenannte Feedback-Entkopplung /K4/) oder aus den Sollwerten (Feedforward-Entkopplung) erfolgen. Bei dem hier vorgeschlagenen Regelungskonzept, bei dem sämtliche Führungsgrößen im Rechner zur Verfügung stehen, würde man eine aus den Sollwerten gespeiste nichtlineare Vorsteuerung bevorzugen und dadurch von vornherein Stabilitätsprobleme vermeiden.

Ob eine nichtlineare Systementkopplung die dynamische Genauigkeit der Regelung verbessert, hängt von der Konstruktion des Roboters ab. Da bei vielen Robotern hochuntersetzende Getriebe zwischen Antrieb und Gelenkarm verwendet werden, sind die nichtlinearen Koppelmomente zwischen den Achsen und die Variationsbereiche der Trägheitsmomente auf der Antriebsseite gering. Abgesehen von Abstützmomenten, die proportional zur Beschleunigung sind, hängen

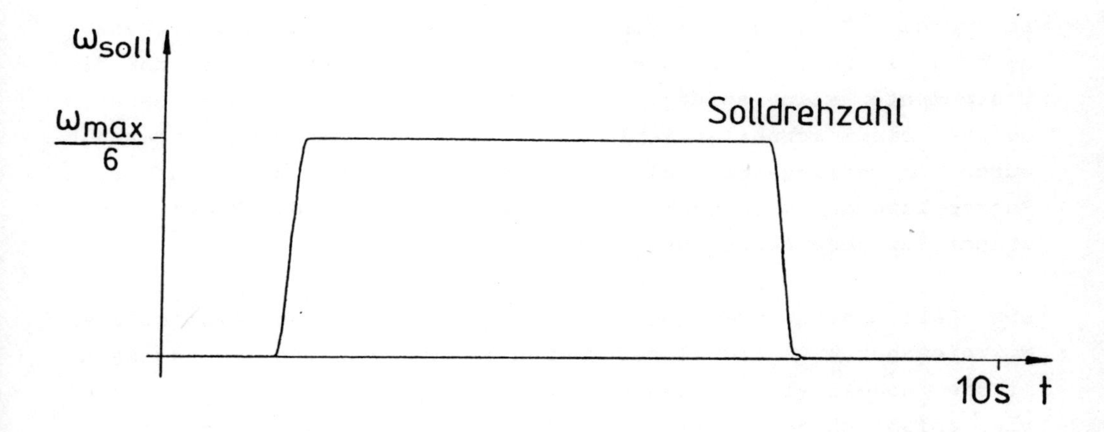


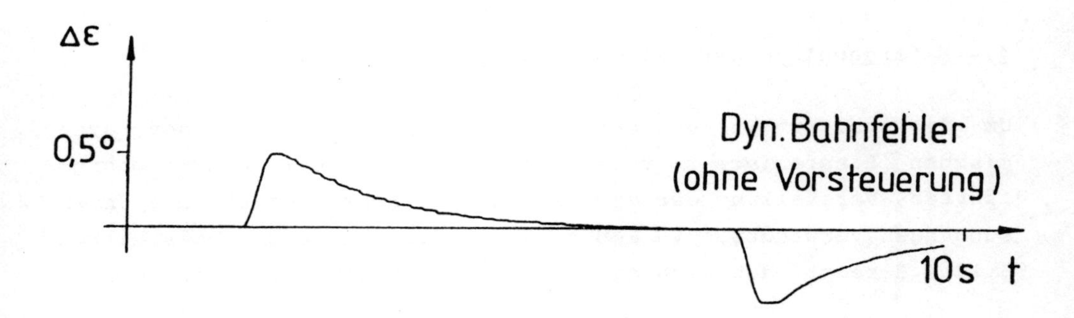


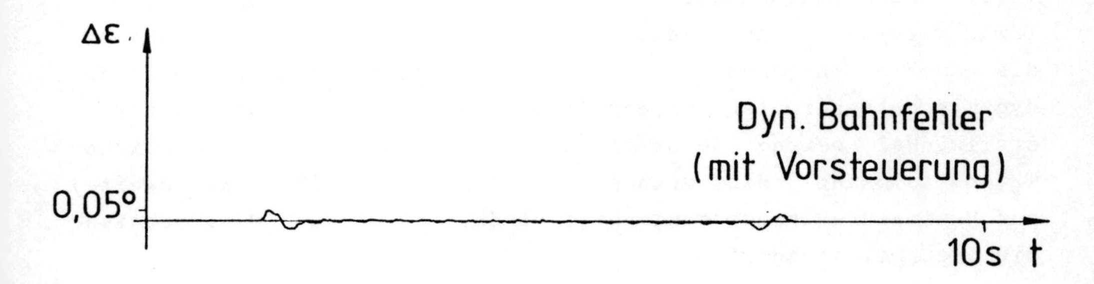


Bild 4.3: Verkleinerung des dynamischen Bahnfehlers durch Vorsteuerung

die Koppelmomente von der stetig verlaufenden Drehzahl bzw. Lage ab (vergl. Kap. 3). Wegen der ruckbegrenzten Führungsgrößenerzeugung verändert sich auch die Beschleunigung stetig, so daß die Störmomente keine sprungförmigen Verläufe aufweisen und deshalb gut von einem schnellen Regler unterdrückt werden können. Deshalb wurde im vorliegenden Fall des VW-Roboters G60 bisher auf eine Entkopplung der Gelenkregelkreise verzichtet und die Regelung getrennt für jede Achse ausgelegt.

Die Leistungsfähigkeit der in der Robotersteuerung eingesetzten Mikrorechner bzw. Signalprozessoren reicht aber aus, um das dynamische Modell eines Gelenkarmroboters in Echtzeit zu berechnen, wie anläßlich der Entwicklung eines Echtzeit-Simulators (Kap. 9) nachgewiesen wurde.

## 4.4 Meßergebnisse der Gelenkregelung

Um die positive Wirkung der Vorsteuerung hinsichtlich des dynamischen Bahnfehlers zu verdeutlichen, wurde bei einer bahngeführten Verstellung der vertikalen Hauptachse des für die Untersuchungen verwendeten VW-Roboters die Vorsteuerung abgeschaltet. Bild 4.3 zeigt, daß sich dadurch der Bahnfehler verzehnfacht.

Bei einer weiteren Messung, die die Güte der Gelenkregelung mit Vorsteuerung belegen soll, wurde die vertikale Hauptachse zeitoptimal verstellt. Aufgezeichnet wurden die Soll- und Istdrehzahl, die aus dem Lageregler berechnete Solldrehzahlabweichung, der dynamische Bahnfehler und der Stromsollwert (Bild 4.4). Der Verstellwinkel betrug 50 Grad. Da die Achse bei größtmöglichem Trägheitsmoment (Handhabungslast 60 kg bei größter Reichweite) auf Maximaldrehzahl beschleunigt wurde, geben die Meßergebnisse die Grenzbelastung wieder.

Durch die Vorsteuerung der Solldrehzahl wird der Lageregler fast vollständig entlastet, wie sich deutlich am Verlauf des Lagereglerausgangs zeigt, der im gleichen Maßstab wie Soll- und Istdreh-

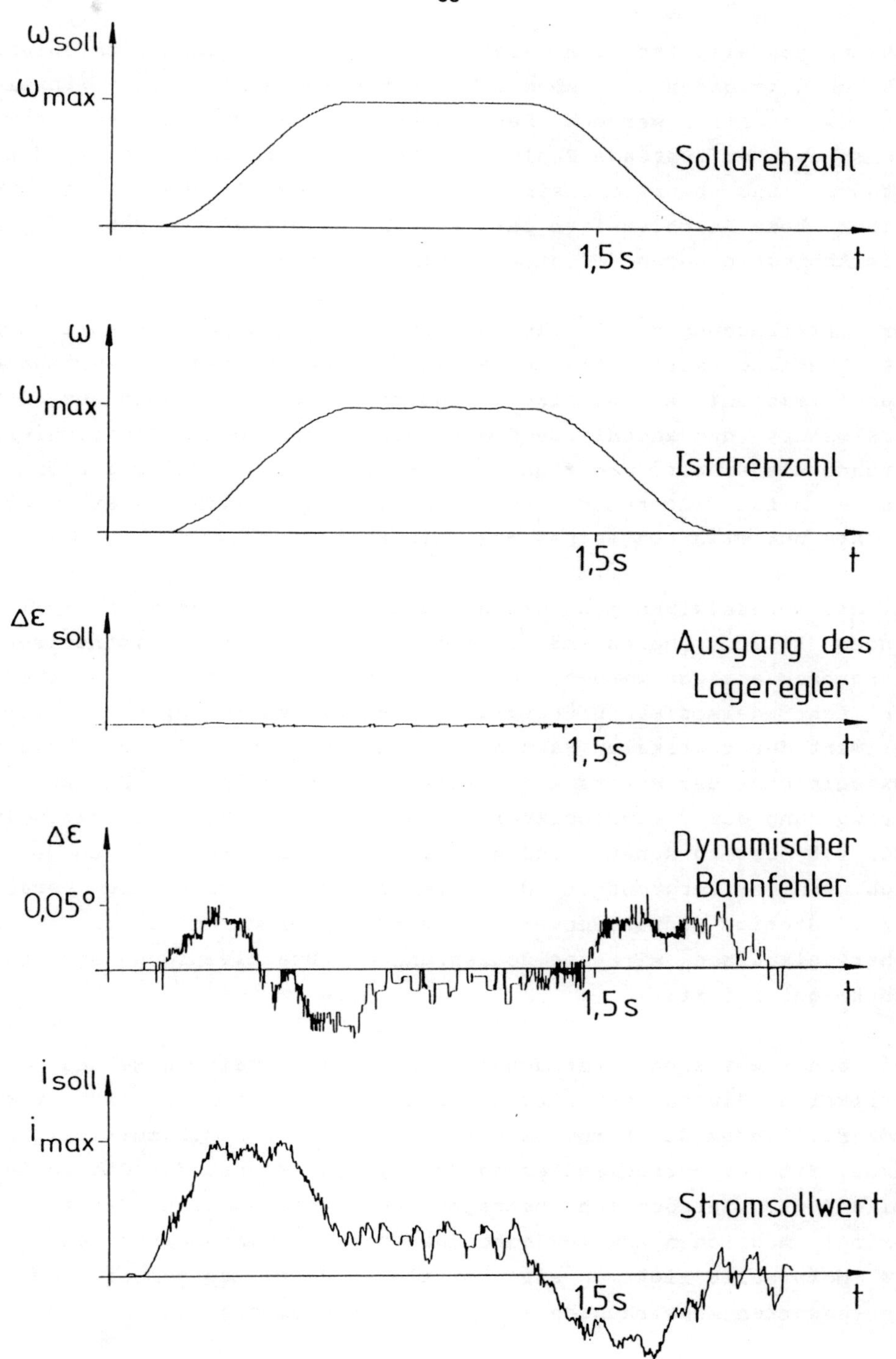


Bild 4.4: Meßergebnisse der Gelenkregelung für die Hauptachse 1

zahl dargestellt ist. Die Darstellung des dynamischen Bahnfehlers ist so weit gedehnt, daß die Diskretisierungsstufen des Winkelfehlers sichtbar werden. Der während der Beschleunigungs- bzw. Bremsphase auftretende Fehlwinkel ist auf Reibeinflüsse zurückzuführen und beträgt maximal +/- 0.05°. Der Stromsollwert erreicht beim Beschleunigen fast seinen Maximalwert, während er beim Abbremsen wegen der großen Reibung geringer ist.

Zur Untersuchung des Einflusses variabler Trägheitsmomente auf die Regelung wurde das in der vertikalen Hauptachse wirksame Trägheitsmoment durch eine veränderte Roboterstellung um 20% verkleinert und anschließend der eben beschriebene Positioniervorgang wiederholt. Trotz unveränderter Reglereinstellungen ergaben sich fast identische Meßergebnisse. Lediglich der Strom erreichte nur etwa 80% seines Maximalwertes.

Da die Wechselwirkungen zwischen den einzelnen Achsen im vorliegenden Fall verhältnismäßig gering sind, mußten synthetische Störgrößen erzeugt werden, um das Störverhalten der vorgesteuerten Achsregelkreise zu überprüfen. Hierzu wurde auf den Stromsollwert der vertikalen Hauptachse ein Stromwert, der dem halben Maximalmoment des Motors entspricht, aufgeschaltet. Die Regelverzögerung der Stromregelkreise kann vernachlässigt werden. In Bild 4.5 ist zu sehen, daß der dynamische Bahnfehler sich deutlich weniger vergrößert, wenn die Störgröße sich stetig verändert. Stetige Störgrößenverläufe werden aber durch die in allen Achsregelkreisen wirksame Begrenzung des Beschleunigungsanstiegs (Ruck) garantiert.

Bei einer weiteren Untersuchung wurde das für die Regelung der vertikalen Hauptachse wirksame Trägheitsmoment künstlich vergrößert, indem der Stromsollwert mit dem Faktor 2.5 multiplizert wurde. Mit der Verschlechterung der Dynamik wächst der Bahnfehler (Bild 4.6). Tatsächlich betragen beim untersuchten Gerät die maximal möglichen Abweichungen der Trägheitsmomente bezogen auf die Motorwelle ±10% von einem mittleren Wert, so daß sich keine nennenswerten Auswirkungen auf den Bahnfehler ergeben (Kap. 3).

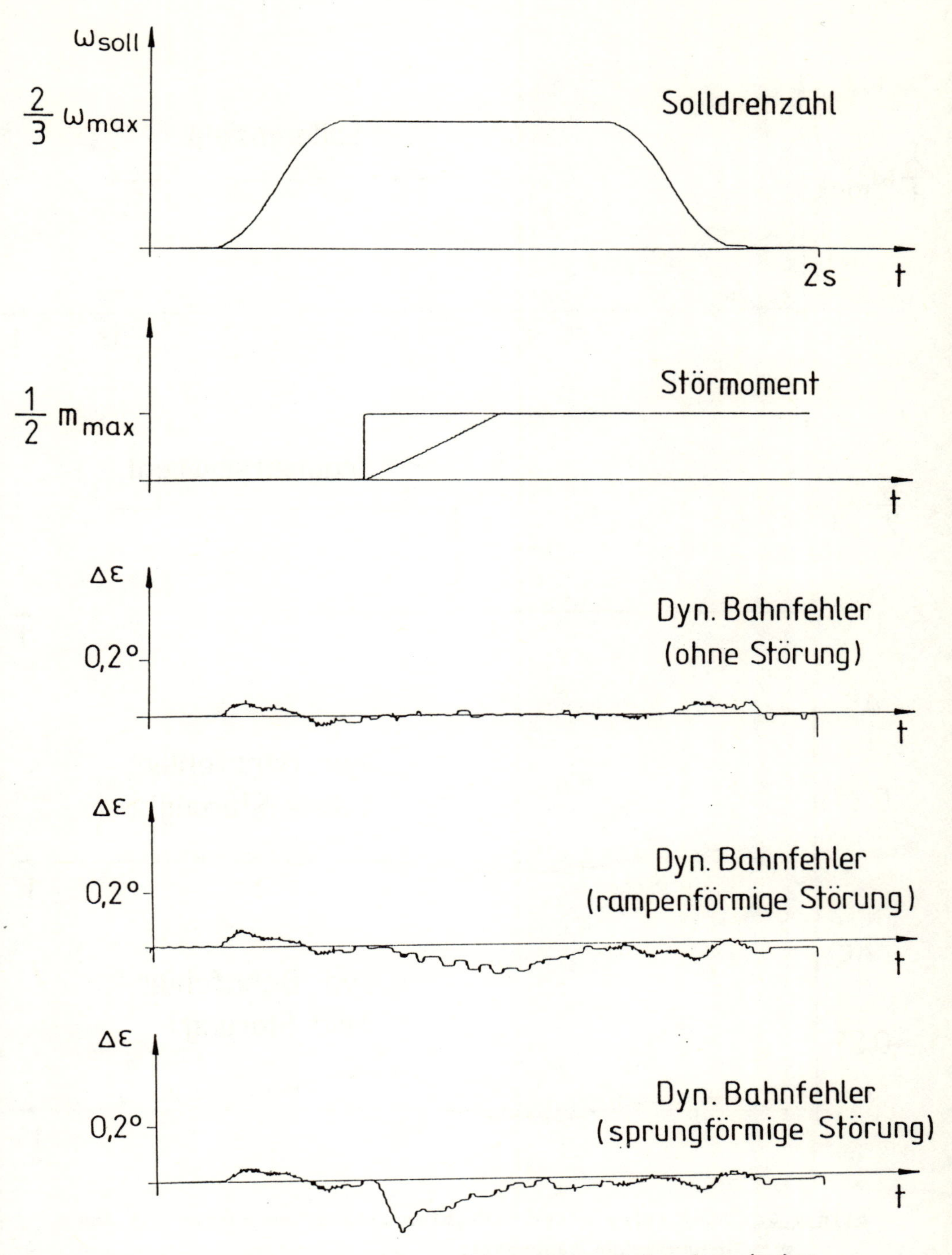


Bild 4.5: Auswirkung eines Störmomentes auf den dynamischen Bahnfehler

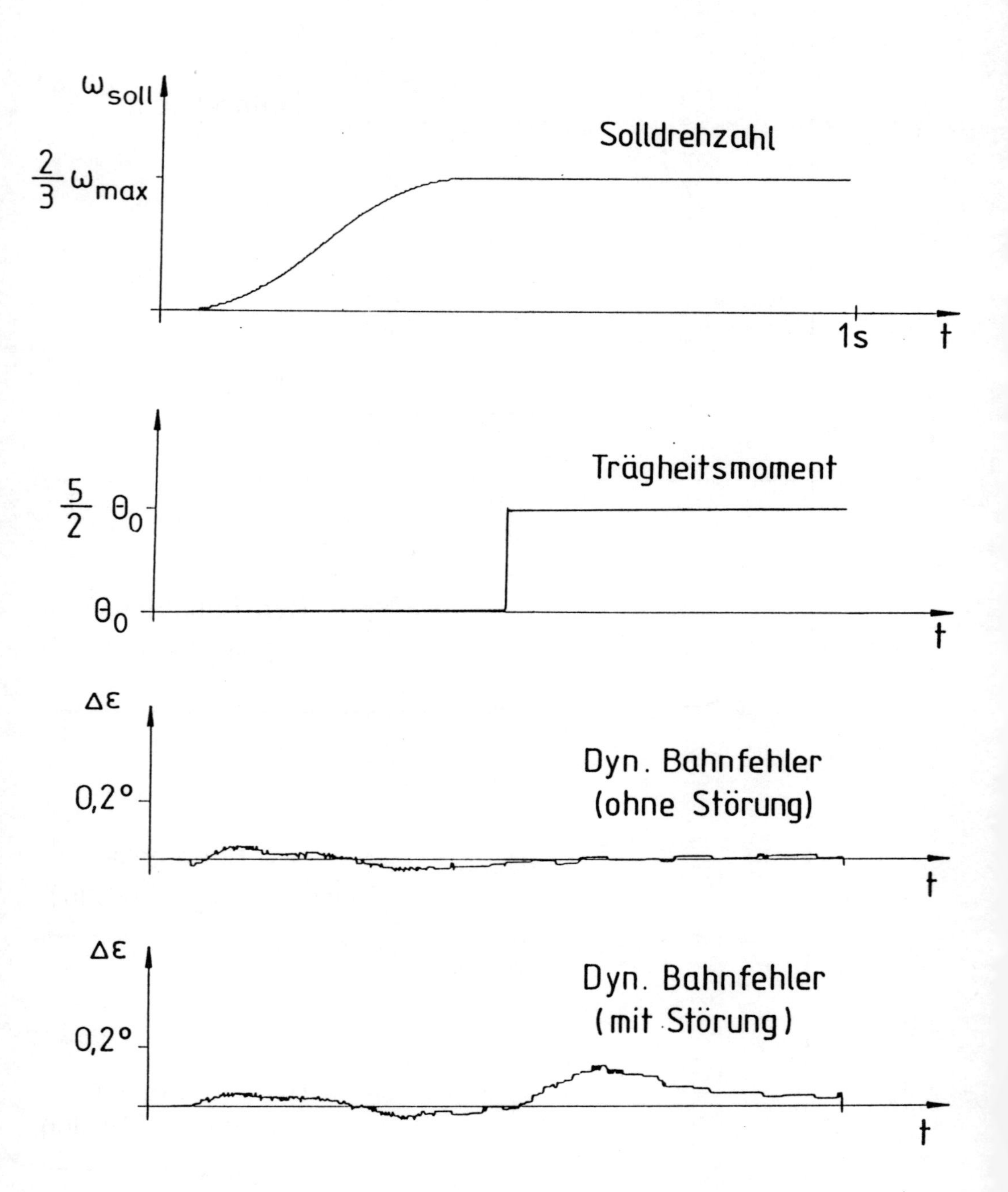


Bild 4.6: Auswirkung eines variablen Trägheitsmomentes auf den dynamischen Bahnfehler

## 5. Aktive Schwingungsdämpfung mit Beschleunigungsrückführung

Eine Robotermechanik besteht aus verteilten Massen und Elastizitäten, so daß beliebig viele, unterschiedlich gedämpfte Eigenfrequenzen existieren. Heutige Roboterkonstruktionen sind meistens recht steif ausgelegt; lediglich die hochuntersetzenden Getriebe weisen häufig eine so große Nachgiebigkeit auf, daß Schwingungen mit ausgeprägten Resonanzfrequenzen in einer Größenordnung von etwa 10 Hz angeregt werden können. Eine leichte, preisgünstige Roboterkonstruktion besitzt bei geringerer Antriebsleistung bessere dynamische Eigenschaften als eine steife Mechanik, durch die schlechter gedämpften niedrigen Eigenfrequenzen neigt sie aber stärker zum Schwingen.

Mechanische Schwingungen beeinträchtigen die Bahngenauigkeit, fördern langfristig Verschleißerscheinungen und verursachen beispielsweise beim Konturfräsen ungleichmäßige Materialoberflächen durch pulsierende Momentenverläufe. Ausgelöst werden Schwingungen durch eine ungeeignete Führungsgrößenvorgabe seitens der Robotersteuerung (z.B. sprungförmige Beschleunigungsänderungen beim Anfahren oder Bremsen) oder durch von außen auf den Roboter wirkende Belastungen (z.B. eine plötzliche Änderung der Handhabungslast).

Im folgenden werden nur die in den Getrieben anzutreffenden Elastizitäten berücksichtigt. Da Getriebeschwingungen im Nutzfrequenzbereich der Regelung auftreten, liegt der Gedanke nahe, durch eine aktive Schwingungsdämpfung über die Antriebsregelkreise eine Versteifung der Robotermechanik zu erreichen. Antrieb und zugehöriges Armsegment bilden jeweils ein schwingungsfähiges System, das näherungsweise durch einen rotatorischen Zwei-Massen-Schwinger (Bild 5.1) beschrieben wird. Die Getriebeelastizität ist durch eine Drehfeder mit der Steifigkeit S symbolisiert. Eine aktive Dämpfung läßt sich durch eine Differenzaufschaltung der gewichteten Getriebe-Ein-/Ausgangsdrehzahlen auf den Stromsollwert erreichen /W3/, sofern eine ausreichende Stellgrößenreserve vorhanden ist und die Zeitkonstante des Stromregelkreises - wie

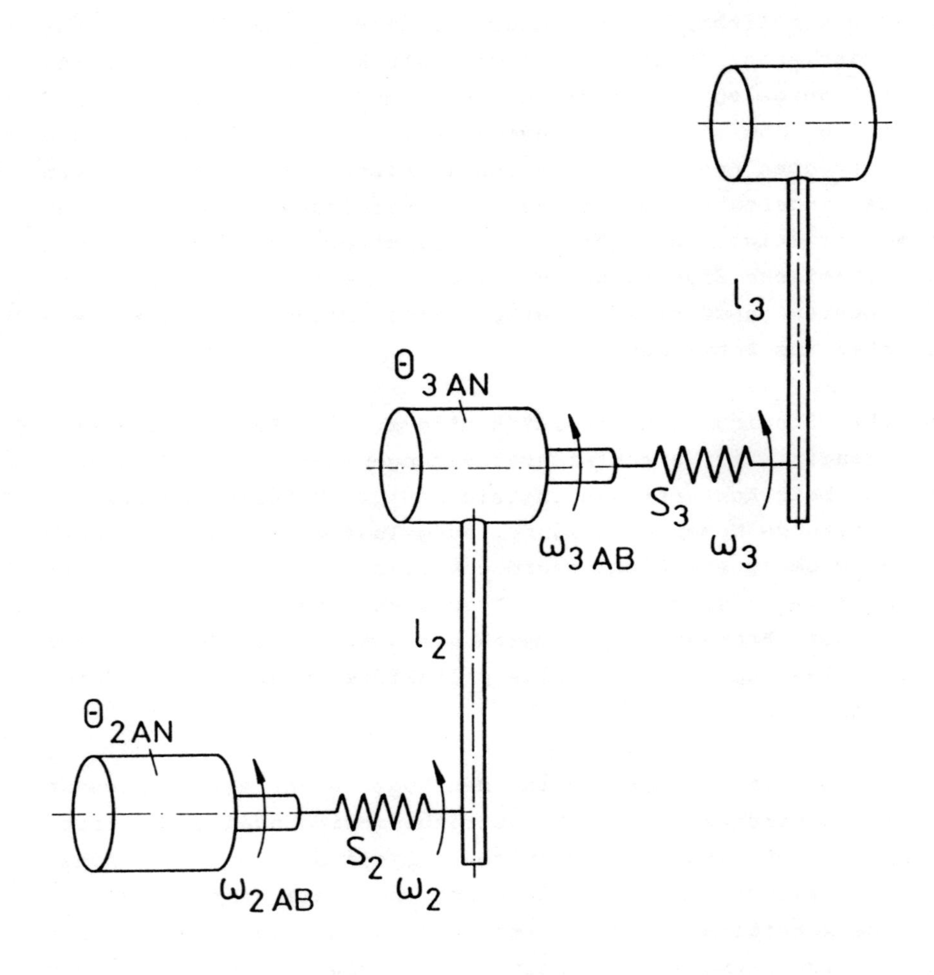


Bild 5.1: Gelenkarm mit elastischen Getrieben (2 Achsen)

im Fall des G60 - vernachlässigt werden kann. Vielversprechend erscheint eine Schwingungsdämpfung in Verbindung mit Drehstromstellantrieben, die wegen ihrer hervorragenden dynamischen Eigenschaften eine hohe Bandbreite im Drehzahlregelkreis zulassen /L2,L6,S3/.

Die Wirkung der Differenzdrehzahlaufschaltung entspricht der eines parallel zur Feder geschalteten Dämpfers: der Antrieb gibt der Bewegung des Abtriebs nach, so daß die Feder nicht gespannt wird und die Last nicht zurückschwingt. Eine Bestimmung der Differenzdrehzahl setzt voraus, daß neben der Antriebsdrehzahl auch die Drehgeschwindigkeit an der Getriebeabtriebseite zur Verfügung steht, deren Messung aber meistens große konstruktionsbedingte Schwierigkeiten bereitet. Einfacher läßt sich die Beschleunigung des angetriebenen Armsegmentes messen, da Beschleunigungsaufnehmer von kleiner Bauform sind und fast überall befestigt werden können /F3/. Eine Integration im Mikrorechner führt auf die Abtriebsdrehzahl. Drift-Erscheinungen aufgrund von Meßfehlern werden durch eine Stützung der Integration mit Hilfe der Antriebsdrehzahl verhindert. Das Blockschaltbild 5.2 zeigt die Regelstrecke einer Achse mit aktiver Dämpfung, wobei alle Größen auf die Getriebeabtriebseite umgerechnet wurden. Der Faktor $C_1$ bestimmt die Dämpfung, der Faktor $C_2$ beeinflußt die Stützung der Integration. Reibeffekte wurden im Blockschaltbild nicht berücksichtigt.

Die Untersuchung der Schwingungsdämpfung erfolgt unter der Annahme, daß die in den einzelnen Achsen wirkenden Beschleunigungs-Rückführungen voneinander entkoppelt betrachtet werden können. Allerdings sind die im inertialen Koordinatensystem gemessenen Beschleunigungssignale auf eine Darstellung in Gelenkkoordinaten umzurechnen.

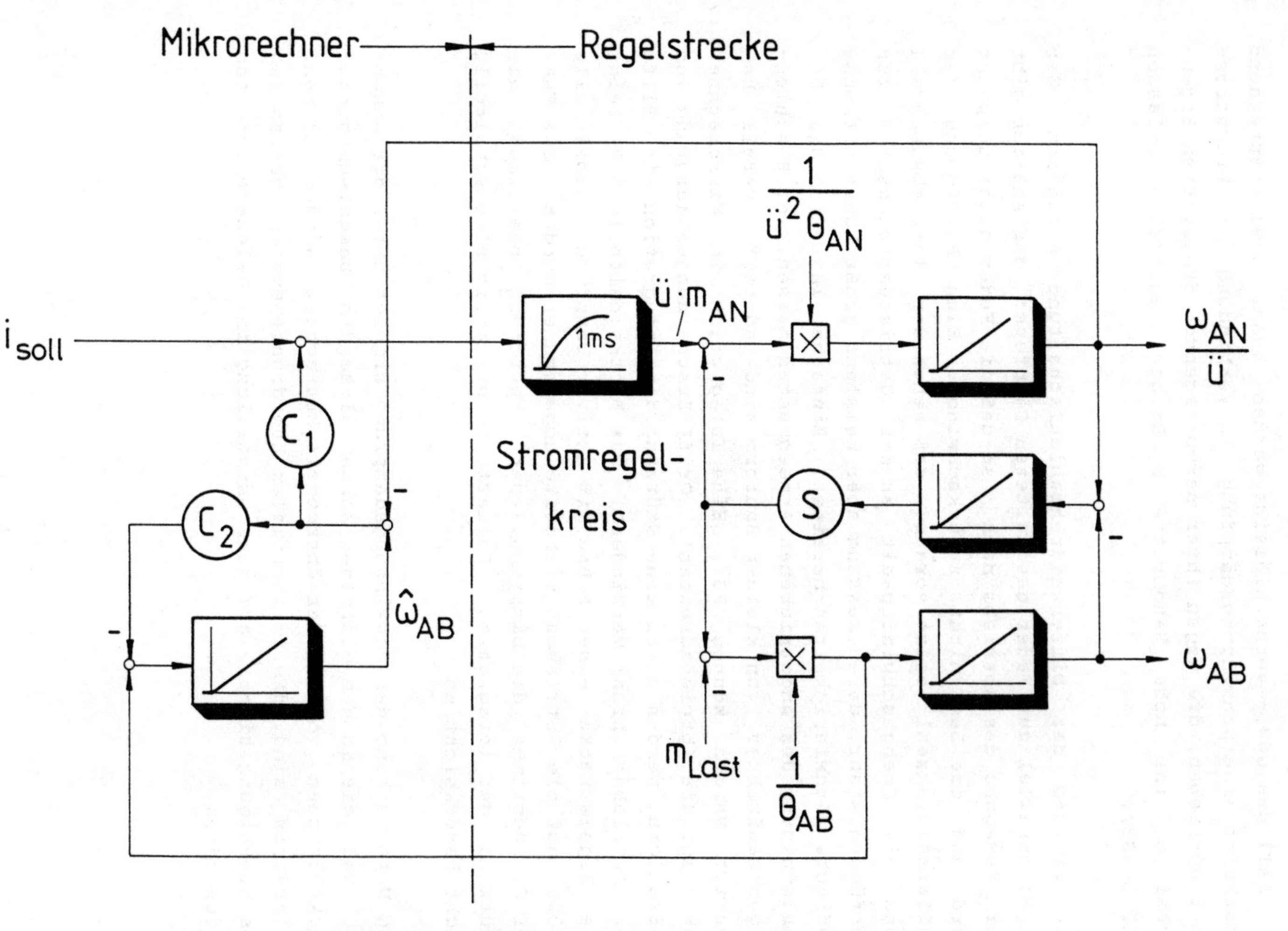


Bild 5.2: Schwingungsdämpfung mit Beschleunigungsrückführung

## 5.1 Übertragungsfunktion

Das am Getriebeausgang gemessene Beschleunigungssignal gibt mit großer Empfindlichkeit die in der Robotermechanik auftretenden Schwingungen wieder und eignet sich damit gut zur Bewertung von Verfahren zur Schwingungsdämpfung. Wird für die Übertragungsfunktion der Stromregelkreise ein reines Proportionalverhalten und eine ideale Integration zur Bestimmung der Abtriebsdrehzahl angenommen, so erhält man nach einer Laplace-Transformation für die Beschleunigung $\dot{\omega}_{AB}$ als Funktion des Antriebsmomentes gemäß Bild 5.2:

$$\dot{\omega}_{AB}(s) = \frac{S}{ü^2 \cdot \Theta_{AN} \cdot \Theta_{AB} \cdot s^2 + S \cdot \Theta_{AB} \cdot C_1 \cdot s + S \cdot (ü^2 \cdot \Theta_{AN} + \Theta_{AB})} \cdot m(s) \,. \tag{5.1}$$

Die Indizes 'AN' und 'AB' kennzeichnen die Größen am Getriebe-Ein- bzw. Ausgang. Die am Abtrieb angreifenden Koppel- bzw. Lastmomente sind nicht aufgeführt.

Am Nenner der Übertragungsfunktion ist abzulesen, daß über den Rückführkoeffizienten $C_1$ die Dämpfung eingestellt wird. Der Einfluß von Reibeffekten im Getriebe und an Antriebs- bzw. Abtriebswellen wird hier nicht berücksichtigt, da geschwindigkeitsproportionale Reibung die Dämpfung zusätzlich verbessert und die Resonanzfrequenz nicht verändert.

Die Bestimmung der Resonanzfrequenz ergibt:

$$f_0 = \frac{1}{2 \cdot \pi} \sqrt{\frac{ü^2 \cdot \Theta_{AN} + \Theta_{AB}}{ü^2 \cdot \Theta_{AN} \cdot \Theta_{AB}} \, S} \,. \tag{5.2}$$

Im VW-Roboter G60 werden sogenannte Kurbelscheibengetriebe eingesetzt. Geht man von Federsteifigkeiten aus, wie sie bei Harmonic-Drive-Getrieben gleicher Baugröße vorliegen, so können die dominierenden Eigenfrequenzen der Hauptachsen mit Hilfe der in Tabelle 3.1 aufgeführten Trägheitsmomente auf Werte zwischen 5 Hz und 20 Hz geschätzt werden /K1/.

## 5.2 Koordinatentransformation und Entkopplung der Beschleunigungssignale

Für jede schwingungsfähige Roboterachse ist die Winkelbeschleunigung am Getriebeausgang zu erfassen. Die Untersuchungen wurden auf die Hauptachsen des G60 beschränkt, da sich infolge ihrer großen geometrischen Abmessungen Schwingungen in den Getrieben als besonders störend erweisen. Für jede Hauptachse ist ein eigener Beschleunigungsaufnehmer vorzusehen und in möglichst großem Abstand von der jeweiligen Achse in tangentialer Richtung zu befestigen. Da die verwendeten Aufnehmer translatorische Beschleunigungen erfassen, vergrößert sich mit dem Abstand von der Drehachse die Signalamplitude. Leider liefern die Sensoren die Beschleunigungssignale nicht in Gelenkkoordinaten sondern bezogen auf das inertiale Koordinatensystem. Damit enthalten sie neben den Beschleunigungsanteilen aufgrund verkoppelter Bewegungsabläufe auch eine Erdbeschleunigungskomponente.

Nur die Beschleunigungsmessung bezüglich Achse 1 ist unbeeinflußt von Bewegungen anderer Achsen und von der Erdbeschleunigung, da der Aufnehmer horizontal befestigt werden kann. Stimmen die Vorzeichen von Meßsignal und vordefinierter Drehrichtung der Achse 1 überein, so gilt:

$$a_{1MESS} = r_1 \cdot \dot{\omega}_{1AB} \quad . \qquad (5.3)$$

Das im Abstand $l_2$ von der Achse 2 in tangentialer Richtung gemessene Beschleunigungssignal $a_{2MESS}$ enthält neben der in Achse 2 wirksamen Winkelbeschleunigung einen durch eine Bewegung in Achse 1 bedingten Zentripetalanteil und eine vom Winkel $\varepsilon_{2AB}$ abhängige Komponente der Erdbeschleunigung:

$$a_{2MESS} = l_2 \cdot \dot{\omega}_{2AB} + (r_1 + l_2 \cdot \sin\varepsilon_{2AB}) \cdot \cos\varepsilon_{2AB} \cdot \omega_{1AB}^2 + g \cdot \sin\varepsilon_{2AB} \quad .$$

Da aber die Beschleunigungssignale bandbegrenzt sind und die in den Winkelgeschwindigkeiten enthaltenen Wechselanteile im Vergleich zu den Beschleunigungsamplituden gering ausfallen, gilt in guter Näherung folgende Vereinfachung:

$$a_{2MESS} \approx l_2 \cdot \dot{\omega}_{2AB} \quad . \tag{5.4}$$

Die in tangentialer Richtung im Abstand $l_{32}$ von Achse 3 gemessene Beschleunigung $a_{3MESS}$ enthält

- durch Antrieb 2 bzw. 3 verursachte Beschleunigungskomponenten,
- eine durch Antrieb 1 verursachte Zentripetalbeschleunigung,
- durch Antrieb 2 verursachte Zentripetal- und Coriolisbeschleunigungen,
- eine von den Gelenkwinkeln $\varepsilon_{2AB}$ und $\varepsilon_{3AB}$ abhängige Erdbeschleunigungskomponente.

Auf die formelmäßige Herleitung der einzelnen Komponenten wird hier verzichtet. Mit den bereits für die Meßgröße $a_{2MESS}$ getroffenen Vereinfachungen und für $\varepsilon_3 \approx \varepsilon_{3AB}$ erhält man:

$$a_{3MESS} \approx l_{32} \cdot \dot{\omega}_{3AB} + \dot{\omega}_{2AB} \cdot (l_{32} - l_2 \cdot \sin\varepsilon_3) \quad . \tag{5.5}$$

Eine Umformung der Gleichungen 5.3, 5.4 u. 5.5 liefert die zu integrierenden achsbezogenen Beschleunigungssignale $\dot{\omega}_{1AB}$, $\dot{\omega}_{2AB}$ und $\dot{\omega}_{3AB}$.

## 5.3 Meßergebnisse

Zur Beschleunigungsmessung wurde ein hochempfindlicher, piezoelektrischer Aufnehmer mit einer Auflösung von 100 mV pro g eingesetzt /P4/. Dieser Aufnehmertyp liefert kein statisches Meßsignal. Vor der Analog-Digital-Umsetzung bewirkt ein analoges Bandpaß-Filter mit Grenzfrequenzen von 1 Hz bzw. 40 Hz, daß der Einfluß niederfrequenter, winkelabhängiger Erdbeschleunigungskomponenten unterdrückt wird und daß Signalanteile mit Frequenzen oberhalb der Bandbreite der Stellantriebe nicht zurückgeführt werden.

Die Einstellung der Rückführkoeffizienten erfolgt empirisch und bereitet wenig Aufwand, solange die einzelnen schwingungsfähigen Systeme als voneinander unabhängig betrachtet werden können. Aufgrund der veränderlichen Robotergeometrie und unterschiedlicher Handhabungslasten können die dominierenden Eigenfrequenzen um einige Hertz variieren, so daß für eine optimale Dämpfung die Rückführkoeffizienten adaptiert werden müßten.

Bild 5.3 zeigt die Wirkung der aktiven Schwingungsdämpfung am Beispiel der periodischen Anregung der Achse 1, wobei ein frequenzmodulierter Stromsollwert zwischen 2 und 12 Hz vorgeben wurde. Bei etwa 6 Hz ergibt sich eine deutliche Resonanzüberhöhung im Beschleunigungssignal, die bei Aktivierung der Schwingungsdämpfung unterdrückt wird. Der G60 befand sich während dieser Messung in voller Auslage bei maximaler Handhabungslast, so daß sich am Getriebeausgang das größtmögliche Trägheitsmoment einstellt.

Durch eine sprungförmige Änderung des Stromsollwertes in Verbindung mit einem Verstellvorgang der Achse 1 wurde das Dämpfungsverhalten beim Auftreten von Momentenstößen untersucht (Bild 5.4). Auch hier zeigt sich eine deutliche Verminderung der Schwingungsneigung im Fall der aktiven Dämpfung.

Die Kurbelscheiben-Getriebe selbst erzeugen durch das Abrollen der Zähne Schwingungen mit linear von der Drehzahl abhängigen Frequenzen, die aber wegen der begrenzten Bandbreite der Stellantriebe nicht kompensiert werden können /O1/. Die Diagramme in Bild 5.4 wurden durch Filterung von höherfrequenten, getriebeinduzierten Schwingungsanteilen bereinigt.

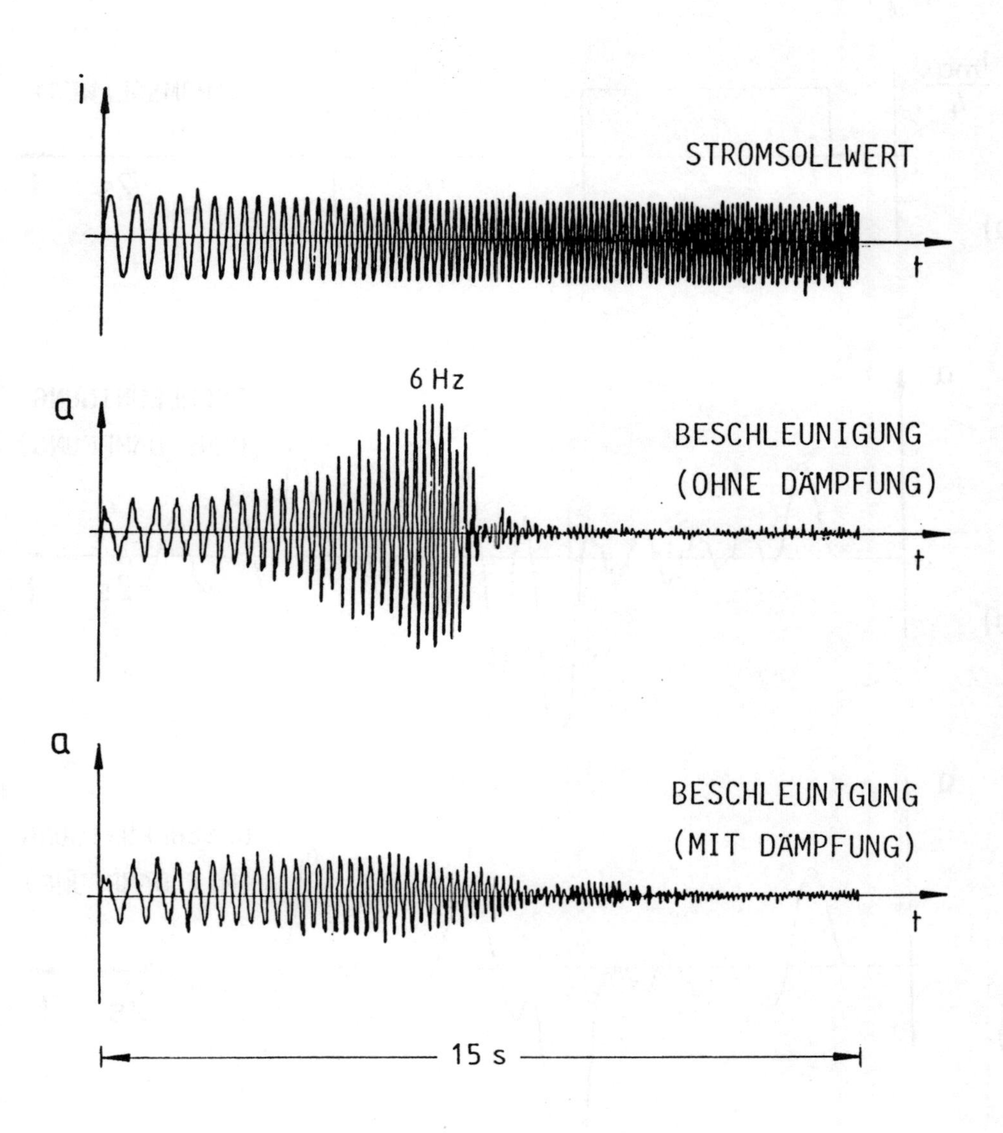


Bild 5.3: Schwingungsdämpfung bei periodischer Anregung

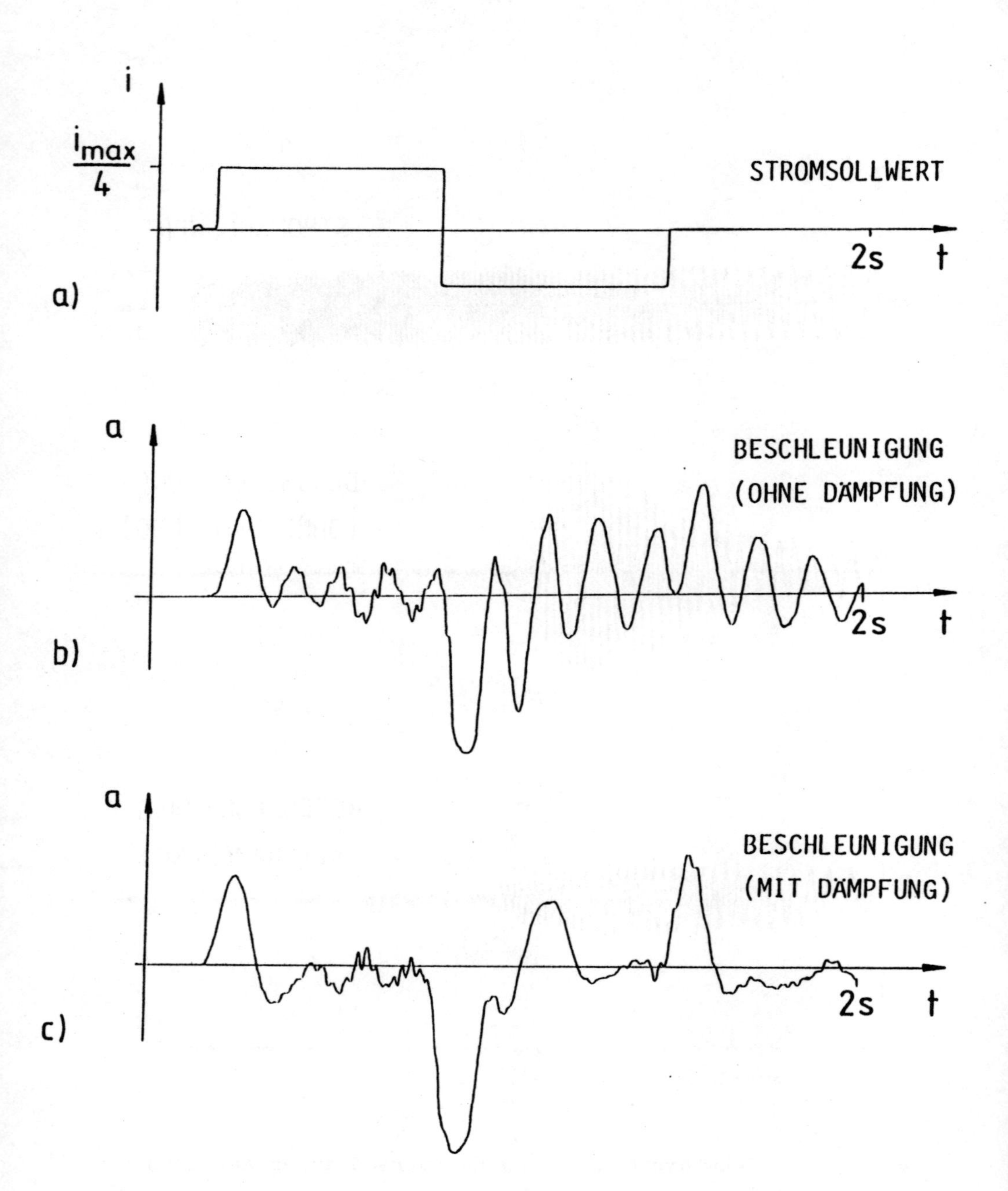


**Bild 5.4:** Schwingungsdämpfung bei sprungförmiger Anregung

## 6. Führungsgrößenerzeugung

Wenn die Roboterhand mit hoher Genauigkeit entlang einer räumlichen Trajektorie bewegt werden soll, ist eine stetige Führungsgrößenerzeugung mit Hilfe eines dynamischen Streckenmodells notwendig, das außer der Sollposition auch die für eine Vorsteuerung benötigten Sollwerte für Geschwindigkeit und Beschleunigung vorschreibt. Eine Begrenzung des Beschleunigungsanstiegs (Ruck) gewährleistet weiche Anfahr- und Bremsvorgänge und verhindert die Anregung von Schwingungen in der elastischen Robotermechanik. Stetige Soll-Beschleunigungsprofile sind seit langem bei der Steuerung von Werkzeugmaschinen bekannt. Wegen der wesentlich komplizierteren Roboterkinematik scheiterte ihre Verwendung in Robotersteuerungen bislang an mangelnder Leistungsfähigkeit der eingesetzten Rechner.

Die in Kapitel 5 beschriebene aktive Schwingungsdämpfung weist einige Nachteile auf: Infolge variabler, geometrieabhängiger Eigenfrequenzen der Robotermechanik ist unter Umständen eine Adaption der Rückführkoeffizienten notwendig. Bei mehreren Resonanzfrequenzen in einer Achse bereitet die optimale Einstellung dieser Koeffizienten Schwierigkeiten; außerdem können Schwingungen außerhalb des Nutzfrequenzbereichs der Regelung nicht berücksichtigt werden.

Statt der aktiven Schwingungsdämpfung wird hier nun ein Verfahren vorgestellt, daß durch eine entsprechende Gestaltung der Führungsgrößenverläufe von vornherein Schwingungen zu vermeiden versucht und als Bestandteil einer Vorsteuerung keine Stabilitätsprobleme auftreten läßt. Lediglich im Fall unvorhersehbarer, lastinduzierter Schwingungen wird man auf eine zusätzliche aktive Dämpfung nicht verzichten können.

Wenn man von der Orientierung der Roboterhand zunächst absieht, stellt eine Führungsgrößenerzeugung bezüglich einer beliebigen räumlichen Bahn ein eindimensionales Problem dar, wobei die "abgewickelte" Strecke zwischen Anfangs- und Endpunkt der abzu-

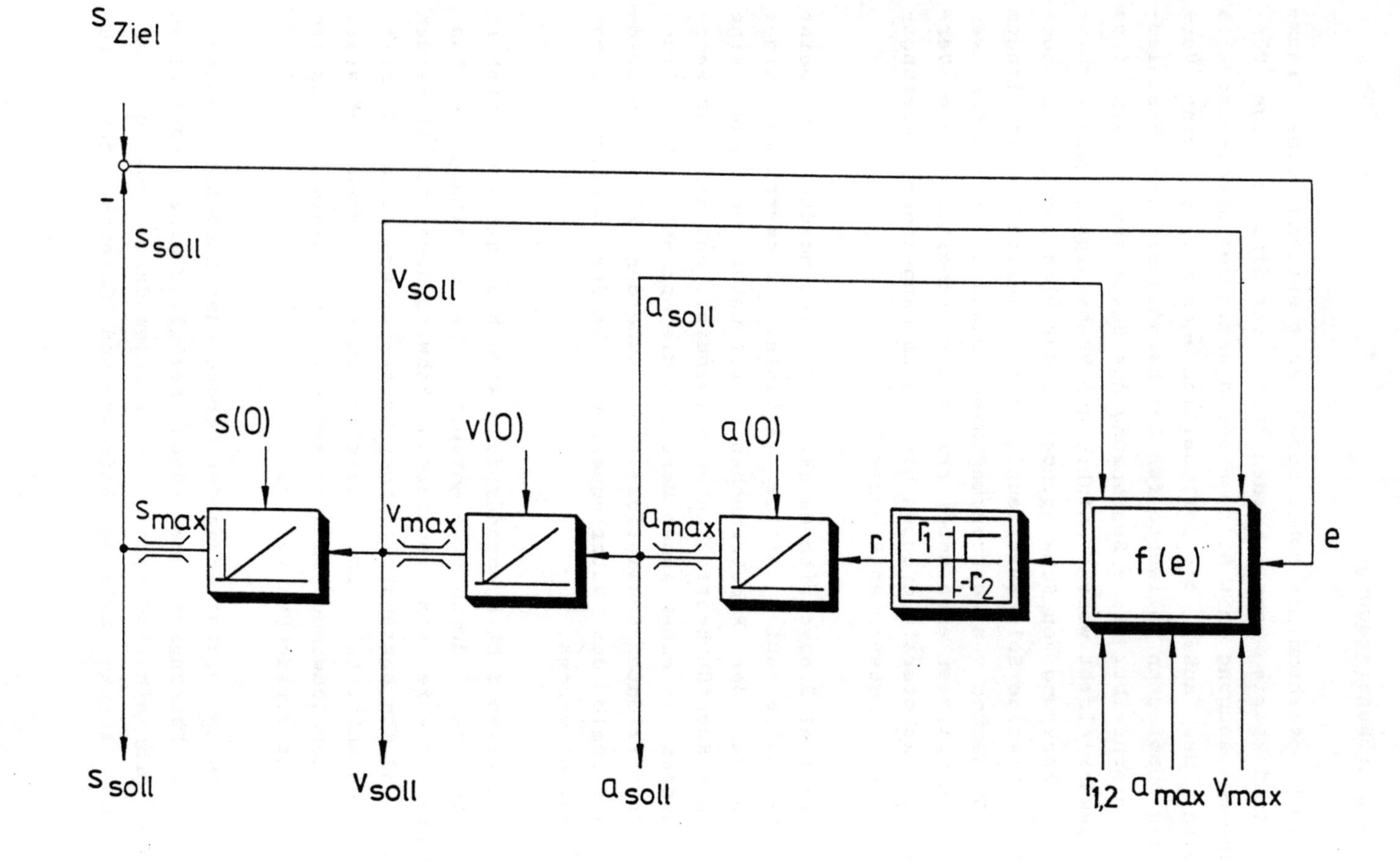


**Bild 6.1:** Führungsgrößengenerator mit stetigem Beschleunigungsverlauf

fahrenden Bahn zeitoptimal zurückzulegen ist. Die Bahn muß so gestaltet sein, daß stetige Beschleunigungsänderungen physikalisch möglich sind; beispielsweise ist bei Polygonzügen in den Eckpunkten die Bewegung zu unterbrechen oder die Kontur mit Hilfe einer Bahnsteuerung geeignet zu verschleifen. Ebenfalls ist es Aufgabe der Bahnsteuerung, die einzelnen Achsantriebe zwecks Einhaltung der durch den Führungsgrößengenerator vorgegebenen Sollwertprofile zu koordinieren.

Im folgenden soll für eine zeitoptimale, beispielsweise translatorische Bewegung die prinzipielle Arbeitsweise eines Führungsgrößengenerators (Bild 6.1) veranschaulicht werden /O1,R3/. Die Sollwerte für Beschleunigung, Geschwindigkeit und Position werden durch einfache bzw. mehrfache numerische Integration aus dem unstetig vorgegebenen Ruck errechnet. Wegen der hohen Abtastfrequenz von 1 kHz hat sich eine Integration nach der Rechteckregel /L4/ hinsichtlich Auflösung und Genauigkeit als ausreichend erwiesen. Bild 6.2 zeigt typische Verläufe der ermittelten Größen. Beschleunigung, Geschwindigkeit und Lage sind auf vorgebbare Maximalwerte begrenzt. In Zeitbereichen, in denen keine Begrenzung wirksam ist, stellt die Lage ein Polynom dritten Grades, die Geschwindigkeit ein Polynom zweiten Grades und die Beschleunigung eine lineare Funktion dar.

## 6.1 Berechnung

Die wesentliche Schwierigkeit in der Führungsgrößenberechnung liegt in der Ermittlung der Umschaltpunkte für den Ruck. Zu Beginn der Bewegung müssen für die Berechnungen die Ausgangslage s(0), die Ziellage $s_{ZIEL}$ und die gewünschten Maximalwerte für Ruck ($r_{MAX}$), Beschleunigung ($a_{MAX}$) und Geschwindigkeit ($v_{MAX}$) unter Berücksichtigung der statischen und dynamischen Grenzen der einzelnen Achsantriebe bekannt sein. Die Schaltpunkte für den Ruck und die Integrationen werden online während der Bewegung berechnet.

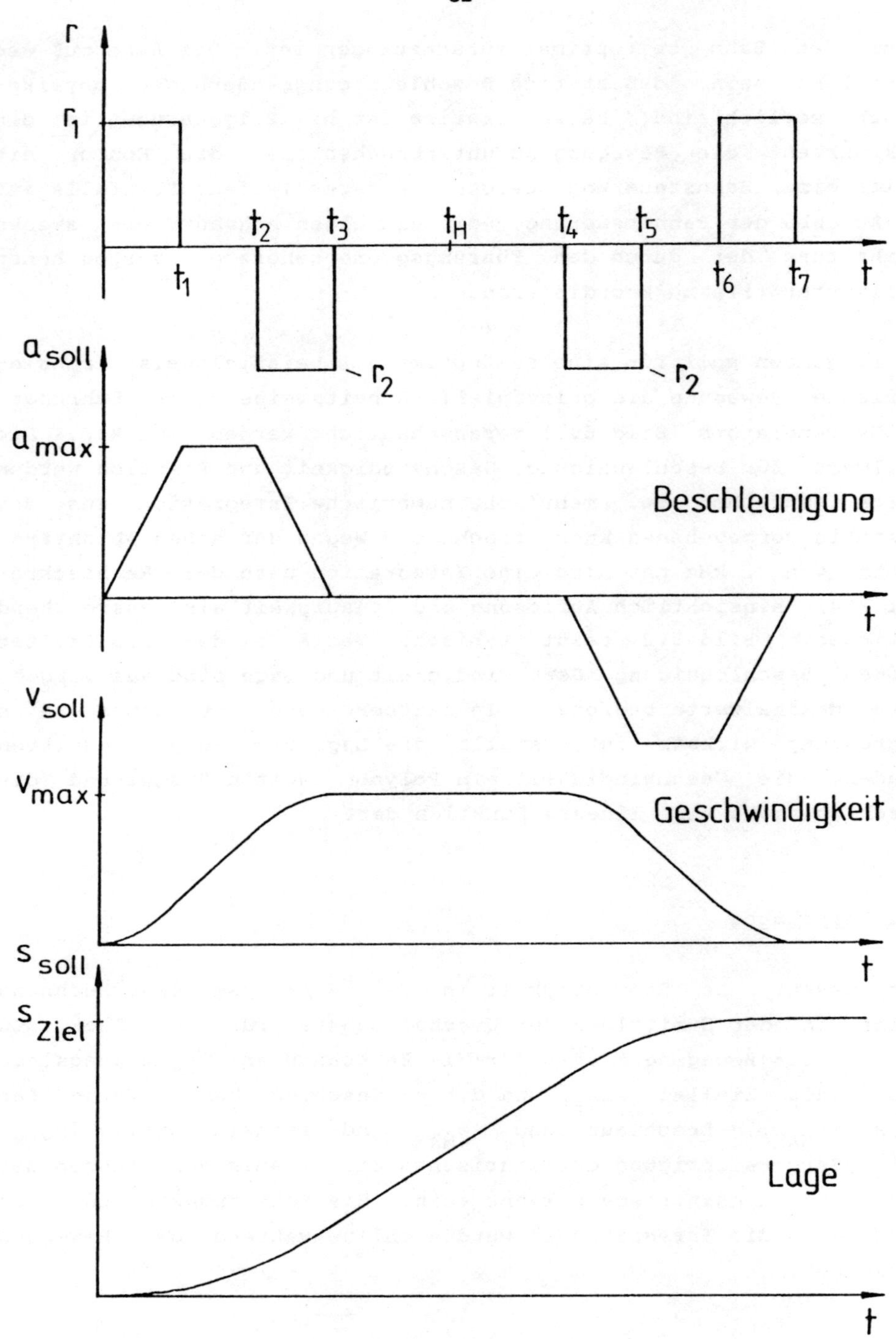


Bild 6.2: Zeitliche Verläufe der Führungsgrößen

Dabei gelten einige Vereinfachungen: Es wird vorausgesetzt, daß sich der Antrieb sowohl zu Beginn als auch zum Ende des Verstellvorgangs im Stillstand befindet ($v = 0$, $a = 0$ und $r = 0$). Der zeitliche Verlauf von Geschwindigkeit, Beschleunigung und Ruck ist symmetrisch zur halben Verstellzeit $t_H$, die Maximalbeträge für positive und negative Beschleunigung sind gleich groß, und für den Ruck werden nur zwei verschiedene Werte ($r_1 > 0$, $r_2 < 0$) zugelassen. Trotz dieser Einschränkungen wird ein großer Teil der Anwendungen abgedeckt.

Zwei Fälle sind zu unterscheiden, die anhand der in Bild 6.2 dargestellten Verläufe erläutert werden sollen:

a. Wird während der Bewegung die maximale Geschwindigkeit $v_{MAX}$ erreicht, ist die zur Bremsung erforderliche Strecke $(s_{ZIEL}(t_7)-s(t_4))$ aus Symmetriegründen gleich der Strecke $s(t_3)$, die bis zum Erreichen der Maximalgeschwindigkeit zurückgelegt wurde. Ein online-Vergleich der aktuellen Sollage $s(t)$ mit dem Wert $(s_{ZIEL}(t_7)- s(t_3))$ liefert den Zeitpunkt, an dem mit der Bremsung zu beginnen ist.

   Für die Bestimmung der Umschaltzeitpunkte für den Ruck ist eine formelmäßige Beschreibung der Bewegung (Bild 6.2) erforderlich:

$$
\begin{aligned}
a(t) &= 0 && \text{für} \quad t = 0 \\
a(t) &= r_1 \cdot t && \text{für} \quad 0 < t \le t_1 \\
a(t) &= a(t_1) = a_{MAX} && \text{für} \quad t_1 < t \le t_2 \\
a(t) &= a_{MAX} + r_2 \cdot (t - t_2) && \text{für} \quad t_2 < t < t_3 \\
a(t) &= a_{MAX} + r_2 \cdot (t_3 - t_2) = 0 && \text{für} \quad t = t_3
\end{aligned}
\qquad (6.1)
$$

$$v(t) = 0 \qquad \text{für} \quad t = 0$$

$$v(t) = \frac{1}{2} \cdot r_1 \cdot t^2 \qquad \text{für} \quad 0 < t \le t_1$$

$$v(t) = v(t_1) + a_{MAX} \cdot (t - t_1) \qquad \text{für} \quad t_1 < t \le t_2$$

$$v(t) = v(t_2) + a_{MAX} \cdot (t - t_2) + \frac{1}{2} r_2 \cdot (t - t_2)^2 \qquad \text{für} \quad t_2 < t < t_3$$

$$v(t) = v(t_2) - \frac{1}{2} \cdot \frac{a_{MAX}^2}{r_2} = v_{MAX} \qquad \text{für} \quad t = t_3$$

(6.2)

Zum Zeitpunkt $t = 0$ wird der Ruck auf $r = r_1$ gesetzt. Ist zum Zeitpunkt $t = t_1$ die gewünschte Maximalbeschleunigung $a_{MAX}$ erreicht, kann der Ruck zurückgenommen werden, solange, bis zum Zeitpunkt $t = t_2$ die Geschwindigkeit

$$v(t) = v_{MAX} + \frac{1}{2} \frac{a_{MAX}^2}{r_2} \quad \text{ist.} \tag{6.3}$$

Danach muß die Beschleunigung durch $r = r_2$ reduziert werden, bis die Geschwindigkeit parabelförmig in den stationären Endwert $v_{MAX}$ einläuft ($t = t_3$).

Die Umschaltpunkte für den Ruck während des Bremsvorgangs ($t \ge t_3$) ergeben sich symmetrisch zum Beschleunigungsvorgang.

b. Die Berechnungen sind komplizierter, falls der Verstellweg so kurz ist, daß die während des Verstellvorgangs zugelassene Maximalgeschwindigkeit nicht erreicht wird und die Zeitpunkte $t_3$, $t_4$ und $t_H$ zusammenfallen (Bild 6.2), so daß keine Bewegungsphase mit $a = 0$ auftritt. Bevor die eigentliche Bremsung mit $a < 0$ beginnen kann, muß die positive Beschleunigung linear auf 0 abgebaut werden. Der währenddessen zurückgelegte Weg $\Delta s$ beträgt:

$$\Delta s = s(t_H) - s(t_2)$$

$$= v(t_2)\cdot(t_H - t_2) + \frac{1}{2}\cdot a_{MAX}\cdot(t_H - t_2)^2 + \frac{1}{6}\cdot r_2\cdot(t_H - t_2)^3 \quad , \qquad (6.4)$$

und mit $t_H - t_2 = -\frac{a_{MAX}}{r^2}$ erhält man:

$$\Delta s = -v(t_2)\cdot\frac{a_{MAX}}{r_2} + \frac{a_{MAX}^3}{3\cdot r_2^2} \quad . \qquad (6.5)$$

Der Ruck ist auf den Wert $r_2$ zu setzen, wenn zum Zeitpunkt $t = t_2$ für die aktuelle Sollage s(t) gilt:

$$s(t) = \frac{1}{2}\cdot s_{ZIEL}(t_7) - \Delta s \quad . \qquad (6.6)$$

Sowohl die Sollage s(t) als auch der von der aktuellen Sollgeschwindigkeit abhängige Weg $\Delta s$ werden ständig online berechnet und zum Vergleich gemäß Gleichung 6.6 herangezogen.

Erreicht die Sollage s(t) zum Zeitpunkt $t = t_5$ den Wert

$$s(t) = s_{ZIEL}(t_7) - s(t_2) \quad , \qquad (6.7)$$

ist der Ruck $r_2$ wieder zurückzunehmen, da sein Verlauf symmetrisch angenommen wird. Auch der Schaltpunkt $t_6$ ergibt sich wie unter a. aus Symmetriebedingungen.

Falls die Maximalbeschleunigung nicht erreicht wird, so fallen die Zeitpunkte $t_1$ und $t_2$ zusammen, und in der Rechnung ist $a_{MAX}$ durch $a(t_1=t_2)$ zu ersetzen. In diesem Fall wird sofort von $r_1$ auf $r_2$ umgeschaltet.

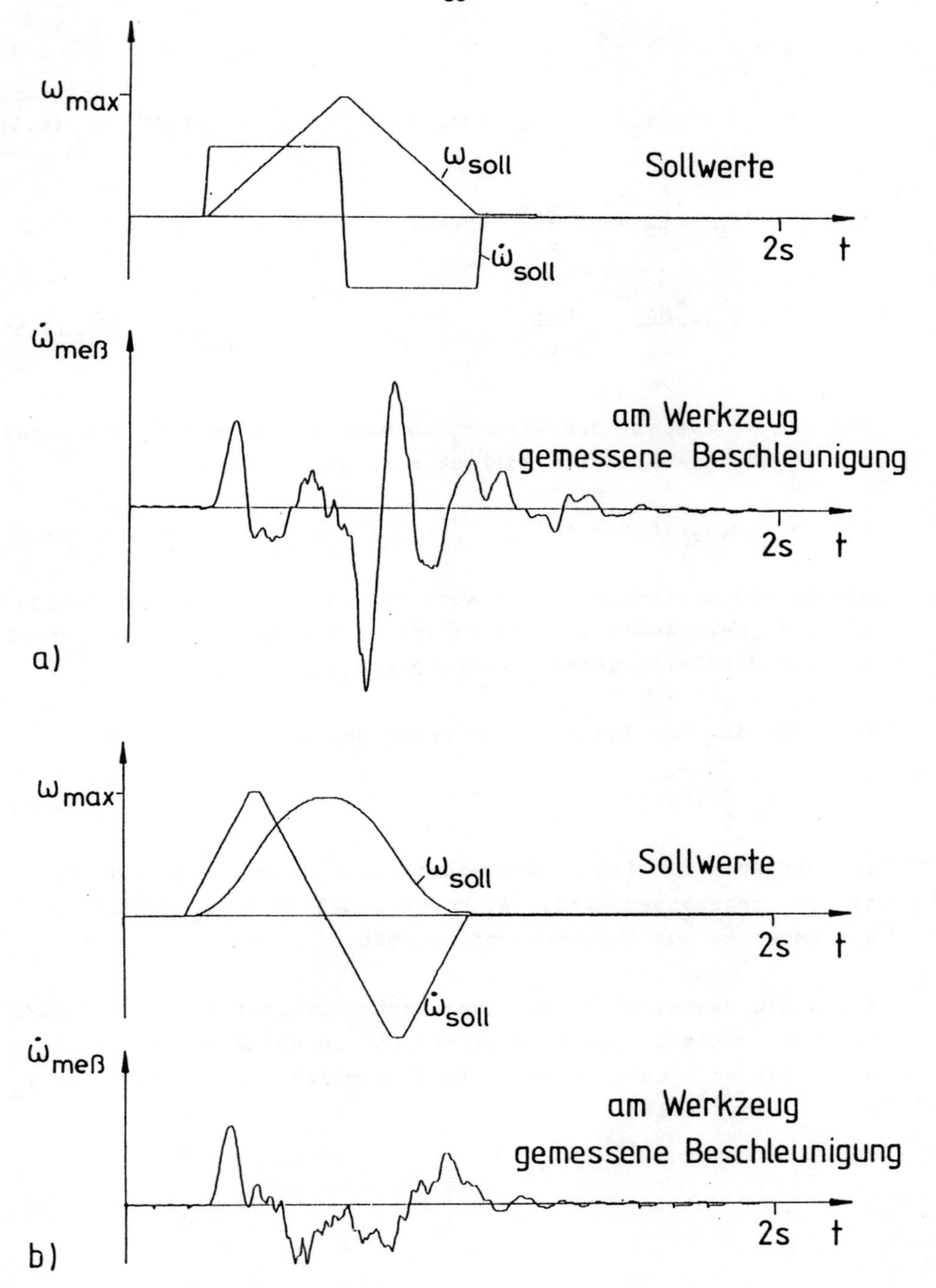


Bild 6.3: Zeitoptimale Positioniervorgänge für die Hauptachse 1
a. unbegrenzter Ruck
b. begrenzter Ruck

## 6.2 Meßergebnisse

Um die Vorzüge ruckbegrenzter Positioniervorgänge experimentell nachzuweisen, wurde an der 60 kg schweren Last des für die Versuche verwendeten Gelenkarmroboters ein Beschleunigungsaufnehmer (Kapitel 5) angebracht. Die bahngeführte Lageänderung der vertikalen Hauptachse wurde bei sprungförmiger und stetiger Vorgabe der Beschleunigung verglichen. Bild 6.3 zeigt die jeweiligen Verläufe von Sollbeschleunigung, Solldrehzahl und gemessener Beschleunigung. Im Fall der stetigen Beschleunigungsänderung ist die Schwingungsamplitude bei der gemessenen Beschleunigung deutlich verringert, und die Schwingung ist eher abgeklungen. Durch eine geeignete Wahl von Ruck und Beschleunigungsmaximalwert benötigt der Verstellvorgang die gleiche Zeit, da die Beschleunigung auf einen größeren Wert als bei der Bahnvorgabe ohne Ruckbegrenzung ansteigt. Die Antriebsleistung des Motors wurde bei diesen Verstellvorgängen fast voll ausgenutzt.

## 7. Bahnvorgabe

Eine Bahnberechnung gliedert sich in zwei wesentliche, aufeinander abzustimmende Teilaufgaben: die Festlegung des räumlichen Bahnverlaufs und die Gestaltung des zeitlichen Verlaufs, mit dem sich die Roboterhand entlang der Sollbahn zu bewegen hat.

Eine räumliche Trajektorie entsteht mit Hilfe eines Interpolationsverfahrens durch die Verbindung von Stützpunkten, die vom Benutzer z.B. in kartesischen oder gelenkbezogenen Koordinaten vorgegeben werden. Zusätzlich wird bei vielen Anwendungen eine Vorschrift benötigt, die die räumliche Orientierung des Hand- bzw. Werkzeugkoordinatensystems kontinuierlich entlang der Sollbahn verändert /K2,M3/. Der zeitliche Ablauf einer Bewegung ist so zu gestalten, daß die vom Benutzer gewünschten, bahn- oder gelenkbezogenen Geschwindigkeits- und Beschleunigungsprofile eingehalten werden. Dazu ist ein Führungsgrößengenerator erforderlich, der inkrementelle Sollwertänderungen im Abtastraster der digitalen Regelung an die Rück-Transformation oder direkt an die Gelenkregelkreise ausgibt.

Bahnberechnungen für Punkt-zu-Punkt-Positionierungen und für Bewegungen auf geradlinigen Trajektorien wurden mit dem in Kapitel 6 beschriebenen, neuentwickelten Führungsgrößengenerator kombiniert, der die zeitliche Gestaltung des Bewegungsablaufs übernimmt. Er ist so aufgebaut, daß er eine eindimensionale, ruckbegrenzte Bahn mit Geschwindigkeits- und Beschleunigungsprofil wahlweise in Gelenkkoordinaten ($\varepsilon$, $\omega$, $\hat{\omega}$) oder in kartesischen, bahnbezogenen Koordinaten (s, v, a) liefert. Simulationsergebnisse zur Vorgabe beliebiger räumlicher Bahnen mit Hilfe einer Spline-Interpolation weisen auf mögliche Erweiterungen hin.

### 7.1 Punkt-zu-Punkt-Bewegungen

Bei einer Punkt-zu-Punkt-Bewegung (PTP) ist der geometrische Bahnverlauf zwischen den vorgegebenen Stützpunkten von untergeordnetem Interesse. Er ist im Fall einer zeitoptimalen Bewegung der Roboterhand implizit durch die Stützpunktkoordinaten und die Roboterkinematik festgelegt, d.h. durch die maximal zugelassenen bzw. möglichen Stell- und Zustandsgrößen. Prinzipiell ist keine stetige Sollwertberechnung durch den auf Gelenkebene arbeitenden Führungsgrößengenerator notwendig, dennoch ist ein weiches Anfahren und Abbremsen der einzelnen Achsen wünschenswert. Für eine zeitoptimale Gesamtverstellung des Roboters erzeugt der Führungsgrößengenerator Sollwinkel, -drehzahl und -beschleunigung der langsamsten Achse, denn es wird angenommen, daß die Achse, die den größten Verstellweg zurückzulegen hat, auch die längste Verstellzeit benötigt. Das ist dann zulässig, wenn die einzelnen Gelenkregelkreise ein ähnliches dynamisches Verhalten aufweisen, wie im vorliegenden Fall des VW-Roboters G60. Aus den Führungsgrößen der langsamsten Achse werden die Sollwerte der anderen Gelenke durch Verhältnisbildung so ermittelt, daß alle bewegten Achsen gleichzeitig den Endpunkt erreichen (achskoordinierte Punkt-zu-Punkt-Bewegung). Nur in der zeitoptimal verstellten Achse können die maximal zugelassenen Grenzwerte von Sollgeschwindigkeit und -beschleunigung erreicht werden.

## 7.2 Bewegung auf räumlichen Polygonzügen

Häufig wird der geometrische Bahnverlauf zwischen verschiedenen Stützpunkten durch mathematische Funktionen im kartesischen Raum-Koordinatensystem vorgeschrieben, z.B. durch Geraden, Kreise oder Polynome. Ein wichtiger Sonderfall, an dem die Verbindung des in kartesischen Koordinaten arbeitenden Führungsgrößengenerators mit der Rück-Transformation erprobt wurde, sind lineare Bewegungen mit konstanter räumlicher Orientierung der Roboterhand. Im Start- und Zielpunkt (Index '0' bzw. 'ZIEL') wird jeweils Stillstand vorausgesetzt. Nach Bestimmung der Bahnlänge $s_{ZIEL}$, die dem Abstand zwischen Start- und Zielpunkt entspricht, liefert der eindimensional angelegte Führungsgrößengenerator den aktuellen Bahnsollwert $s_{SOLL}$ als Funktion der zugelassenen Maximalwerte für Bahngeschwindigkeit, Bahnbeschleunigung und Ruck. Der Sollwert in x-Richtung ergibt sich gemäß folgender Beziehung aus dem Bahnsollwert:

$$x_{SOLL} := x_0 + s_{SOLL} \cdot \frac{x_{ZIEL} - x_0}{s_{ZIEL}} \quad . \tag{7.1}$$

Ersetzt man x durch y bzw. z, so erhält man die Gleichungen zur Berechnung der Sollwerte in y- bzw. z-Richtung.

Mit Hilfe der Rück-Transformation wird die kartesische Sollposition online in die zugehörigen Winkelsollwerte umgewandelt. Die im kartesischen Koordinatensystem anfallenden Sollgeschwindigkeiten und -beschleunigungen können jedoch nicht genutzt werden, da eine analytische Transformation dieser Größen in das Gelenkkoordinatensystem zu aufwendig ist. Deshalb werden die Vorsteuerwerte für die Gelenkregelung durch numerische Differentiation aus den Sollwinkeln bestimmt (Abschnitt 2.4). Es kann vorausgesetzt werden, daß die Sollbeschleunigungen auf Gelenkebene trotz der Koordinatentransformationen ebenfalls stetig verlaufen, wobei von singulären Bereichen abzusehen ist (vergleiche Abschnitt 2.3). Die in den Achsen auftretenden Geschwindigkeiten und Beschleunigungen können als Folge der nichtlinearen Roboterkinematik die zugelassenen Grenzwerte überschreiten. Solche Effekte sind in Form einer offline-Bahnplanung zu berücksichtigen, bei der der gesamte Bahnverlauf im voraus durchgerechnet wird.

## 7.3 Bewegung auf beliebigen räumlichen Bahnen

Bei manchen Anwendungen, z.B. beim Kleberaufrag in Autokarosserien, treten Konturen auf, die als Ganzes mathematisch schwierig zu beschreiben sind. Deshalb werden auf einer Kontur liegende Stützpunkte abschnittsweise durch einfach darstellbare Funktionen miteinander verbunden. Damit bei einer Bewegung der Roboterhand entlang der so ermittelten Bahn keine Beschleunigungssprünge auftreten, ist die Bedingung einer zweimal stetigen Differenzierbarkeit des Ortsvektors nach dem Bahnparameter 'Zeit' einzuhalten, d.h. an Nahtstellen, an denen Bahnsegmente aneinandergefügt werden, müssen erste und zweite Ableitung der betroffenen Abschnitte übereinstimmen. Diese Randbedingungen erfüllen kubische Spline-Funktionen.

Spline-Interpolationen sind dadurch charakterisiert, daß die Gesamtkrümmung der interpolierenden Kurve minimal wird. Eine Analogie in der Mechanik findet sich in Form eines elastischen Lineals (engl. 'spline'), das durch mehrere Knoten geführt wird. Ein Hauptanwendungsgebiet von Spline-Funktionen ist die Computer-Graphik /N1/. Auch dort sind durch eine begrenzte Anzahl von vorgegebenen Punkten interpolierende Kurven oder Flächen zu legen, die dem menschlichen Betrachter möglichst glatt erscheinen.

Die Verwendung herkömmlicher Spline-Funktionen führt auf die Lösung eines umfangreichen Gleichungssystems /S7/, in das die Koordinaten sämtlicher Stützpunkte eingehen, so daß der Rechenaufwand mit der Zahl der Stützpunkte zunimmt. Bei der hier untersuchten Interpolation durch B-Spline-Funktionen (B von engl. 'to blend' : 'ineinander übergehen') wirkt sich jeder Stützpunkt je nach Ordnung der Funktion nur auf einen begrenzten Bahnbereich aus /N1/. Trotz beliebiger Gesamtanzahl von Stützpunkten bleibt der Rechenaufwand konstant, was insbesondere bei einer online-Interpolation von entscheidender Bedeutung ist. B-Spline-Funktionen sind von ihrer Natur aus dazu prädestiniert, Bahnsegmente aneinanderzufügen.

Je höher die Ordnung der B-Spline-Funktion, desto mehr Stützwerte beeinflussen den jeweiligen Bahnabschnitt. Bei kubischen B-Spline-Funktionen, die die Forderung der zweimaligen, stetigen Differenzierbarkeit erfüllen, wird die Umgebung eines jeden Bahnpunktes jeweils von vier Stützpunkten beeinflußt.

Die Berechnungsvorschrift zur B-Spline-Interpolation lautet:

$$\underline{r}(u) = \sum_{i=0}^{n-1} \underline{p}_\nu \cdot N_{\nu,k}(u) \quad , \tag{7.2}$$

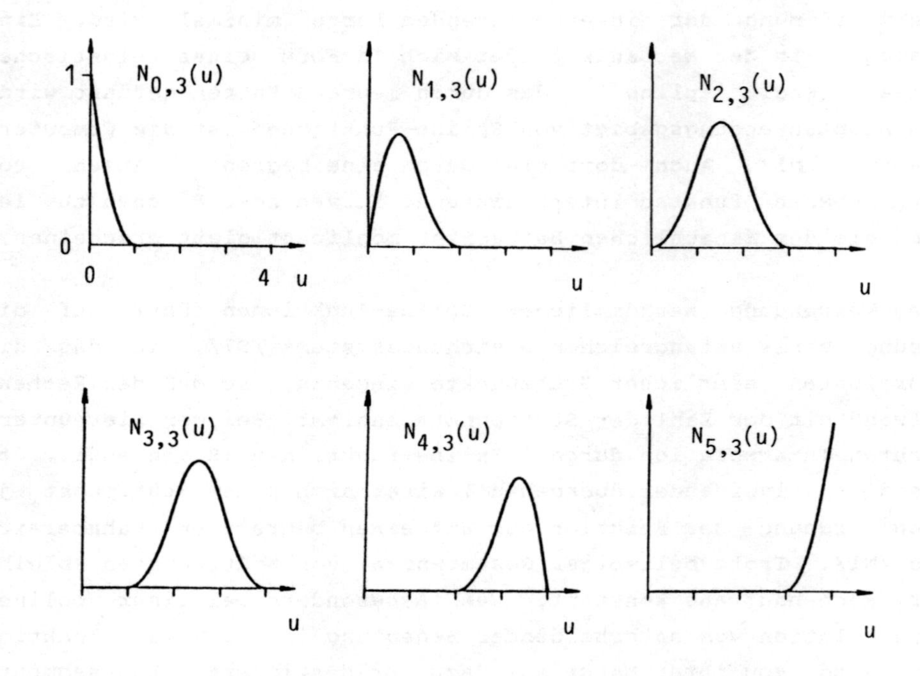


Bild 7.1: Verlauf der Wichtungsfaktoren für n=5 und k=3 bei einer B-Spline-Interpolation

dabei bedeuten:

| | |
|---|---|
| $\underline{r} = [x, y, z]^T$ | Ortsvektor des jeweiligen Bahnpunktes, |
| u | Bahnparameter, |
| n | Anzahl der Stützwerte, |
| $\nu$ | Stützpunktindex, |
| $\underline{p}_\nu = [x_\nu, y_\nu, z_\nu]^T$ | Stützpunkt, |
| N | Wichtungsfaktor, |
| k | Ordnung der B-Spline-Funktion. |

Die Wichtungsfaktoren $N_{\nu,k}(u)$ sind spezielle Polynome, deren entscheidendes Merkmal ist, daß sie nur lokalen Einfluß ausüben, wie in Bild 7.1 abzulesen ist. Eine formelmäßige Beschreibung findet sich in /N1/.

Bei der online-Bahnberechnung tritt das Problem auf, daß der Bahnparameter u nicht dem Parameter 'Zeit' entspricht; z.B. besteht bei einer konstanten Bahngeschwindigkeit kein linearer Zusammenhang zwischen u und der aktuellen Bahnlänge s(t). Abhilfe schafft hier eine zusätzliche, lineare Feininterpolation, die den vom Bahnparameter u abhängigen Zuwachs der Bahnlänge auf die vom Bahngenerator vorgegebene Sollbahnlänge s(t) abgleicht /B1/.

Bild 7.2 zeigt die Verbindung des Führungsgrößengenerators (Bahngenerator) mit der B-Spline-Interpolation und Rück-Transformation. Während Führungsgrößenvorgabe und Interpolation online durchgeführt werden, ist die Länge der gesamten Bahn im voraus zu berechnen und an den Bahngenerator zu übergeben. Die räumliche Orientierung des Handkoordinatensystems wurde wieder als konstant angenommen.

Anwendungsbeispiel Eckenfahren

Nicht jede gewünschte Trajektorie ist mit beliebigen Sollwert-Profilen zu kombinieren, wofür als Beispiel das in der Praxis wichtige Problem des sogenannten Eckenfahrens steht. Aus physikalischen Gründen ist es unmöglich, mit einer Bahngeschwin-

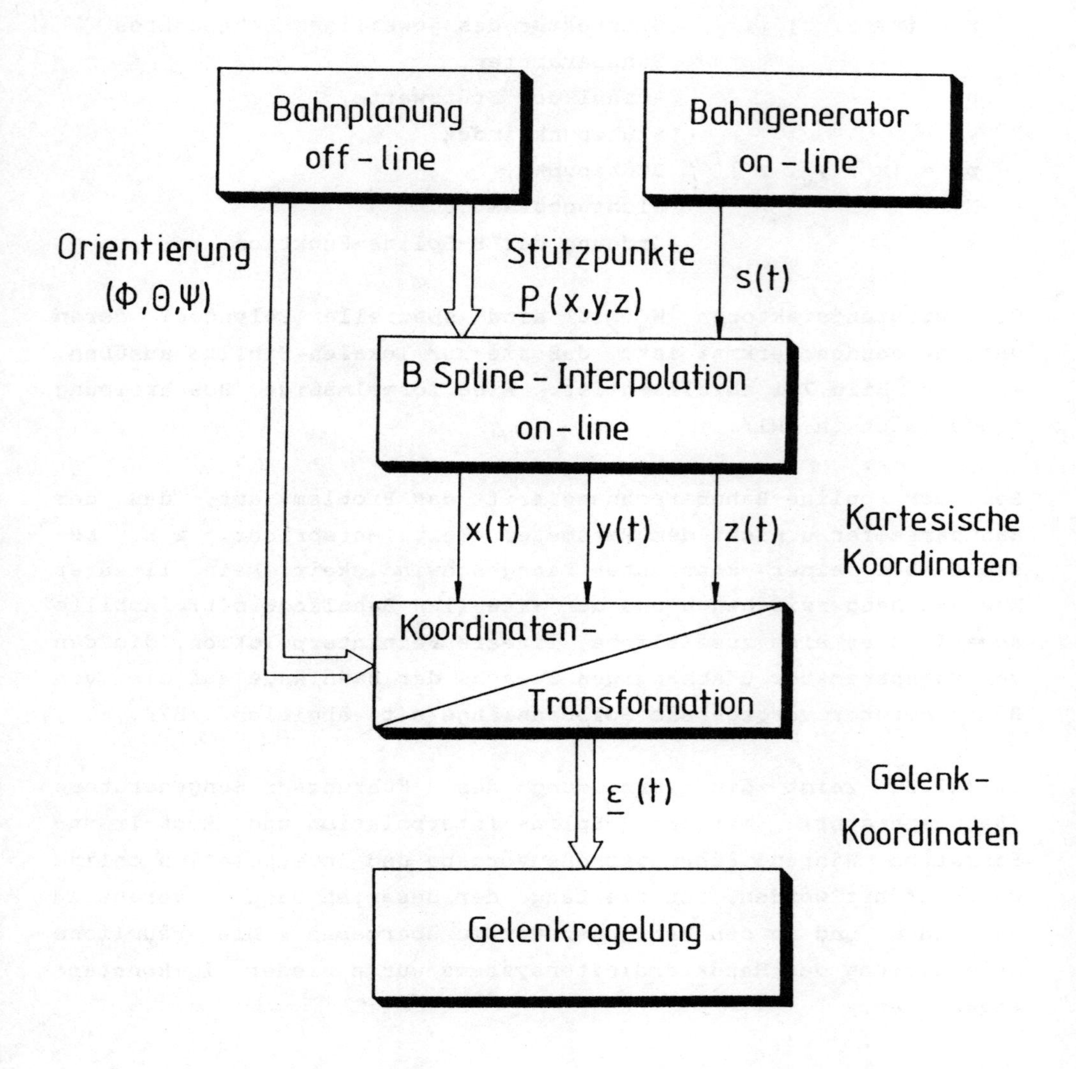


Bild 7.2: Einbindung ins Gesamtsystem

digkeit ungleich Null um eine Ecke zu fahren, so daß die geometrische Bahngenauigkeit (durch ein sogenanntes Überschleifen) einzuschränken ist, wenn z.B. beim Kleberauftrag ein Geschwindigkeitsfehler unbedingt zu vermeiden ist.

Gesucht ist eine Funktion, die bei zweimaliger, stetiger Differenzierbarkeit von einem linearen Bahnabschnitt auf einen anderen überleitet, auch wenn die Koordinaten des Eckpunktes mit in die Berechnungen eingehen. B-Spline-Funktionen bieten den Vorteil, automatisch Eckenkonturen zu verschleifen, da der Bahnverlauf nicht notwendig durch alle vorgegebenen Stützpunkte führt. Für den Übergang einer Geraden auf eine durch eine kubische B-Spline-Funktion gegebene Kurve müssen mindestens vier der bei der Interpolation zu berücksichtigenden Stützpunkte auf der Verlängerung der Geraden liegen (Bild 7.3).

Trotz vielversprechender Simulationsergebnisse konnte eine Interpolation mit B-Spline-Funktionen bislang noch nicht praktisch erprobt werden, da die Umsetzung in Assemblerprogramme für den Signalprozesssor TMS 32010 (vergleiche Kapitel 8) nicht gleichzeitig der Forderung nach hoher Rechengeschwindigkeit und ausreichender Auflösung der Zahlendarstellung genügte.

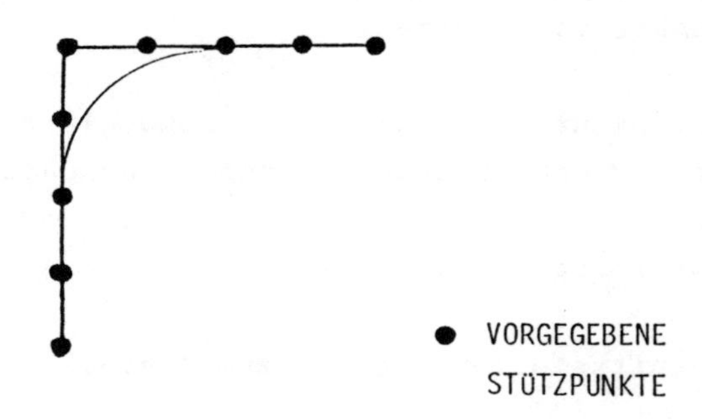


Bild 7.3: Verschleifen einer Ecke

## 8. Modulares Multiprozessorsystem mit Signalprozessoren

Die Bearbeitung der komplexen Regel- und Transformationsalgorithmen für Gelenkarmroboter kann nur mit Hilfe eines Digitalrechners erfolgen. Im Interesse einer einfachen und überschaubaren Programmierung ist es wünschenswert, ein Monoprozessorsystem zu verwenden, das den Einsatz einer höheren Programmiersprache gestattet und eine Fließkomma-Zahlendarstellung unterstützt, die den Zeitaufwand für eine geeignete Normierung der einzelnen Größen vermeidet. Derart leistungsfähige Mikrorechner mit entsprechend schnellen Schnittstellen zum Anschluß von Peripheriegeräten (z.B. Sensoren) sind derzeit noch nicht erhältlich. Um den hohen Echtzeitanforderungen zu genügen, ist man gezwungen, auf ein Multiprozessorsystem überzugehen, in Assemblersprache zu programmieren und nur dort, wo eine hohe Genauigkeit verlangt wird, eine Fließkomma-Zahlendarstellung zu wählen (z.B. bei Koordinatentransformationen). Werden in einem Multiprozessorsystem Standard-Mikrorechner eingesetzt, so sind bei der digitalen Regelung eines Roboters allerdings nur unbefriedigende Abtastzeiten von bestenfalls mehreren 10 Millisekunden zu erzielen. Dagegen läßt sich bei einem Rechnersystem mit Signalprozessoren die Abtastzeit um eine Zehnerpotenz reduzieren, so daß die Regelvorgänge als stetig betrachtet werden können.

Beim Entwurf eines Multiprozessorsystems für eine Robotersteuerung sind folgende Punkte zu beachten:

- hierarchische Architektur, die die Gliederung einer Robotersteuerung in gelenkbezogene und übergeordnete Aufgaben widerspiegelt,
- Modularität und Erweiterbarkeit,
- lokale Testhilfen,
- leistungsfähige Schnittstellen (z.B. zum Anschluß von Sensoren),
- Optimierung des Datenaustauschs im Gesamtsystem,
- größtmögliche Parallelverarbeitung bei minimalem Verwaltungsaufwand.

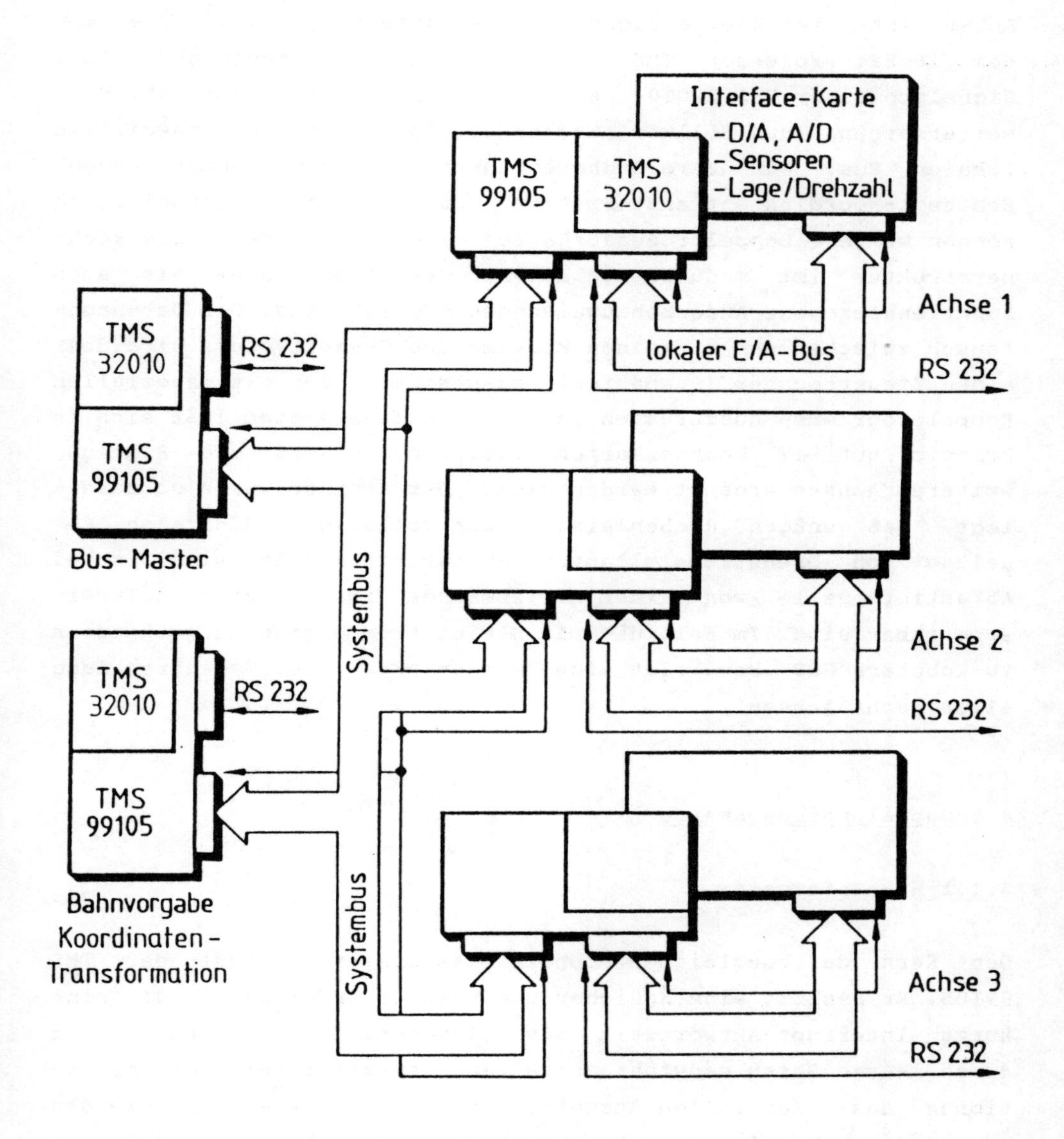


Bild 8.1: Multiprozessorsystem zur digitalen Regelung eines Roboters

Bild 8.1 zeigt den Aufbau eines für Robotersteuerungen entwickelten Multiprozessorsystems /R4,W4/. Für die Gelenkregelung einer Achse ist jeweils eine eigene Rechnerkarte vorgesehen, die mit dem 16-Bit-Prozessor TMS 99105 von Texas Instruments und einem Signalprozessor TMS 32010, ebenfalls von TI, bestückt ist. Meßwerterfassung und Sollwertausgabe erfolgen über den jeweiligen lokalen Bus. Für übergeordnete Funktionen, wie Bahnsteuerung, Echtzeit-Koordinatentransformation oder Bedienerkommunikation können weitere Doppelprozessorkarten eingefügt werden. Die Rechnerstruktur ist modular gehalten, daß sowohl achs- als auch funktionsbezogene Aufgabenzuweisungen möglich sind. Der Datenaustausch zwischen den einzelnen Modulen des Gesamtsystems wird über einen Steuerrechner (Busmaster) organisiert, der mit speziellen Koppelprogrammen auszurüsten ist. Das Rechnersystem läßt sich im Prinzip auf 17 Rechnerkarten erweitern, so daß die Regelung weiterer Achsen ergänzt werden kann. Der Rechner wurde so ausgelegt, daß genügend Rechenleistung zur vollständig digitalen Regelung von Drehstromstellantrieben bereitgestellt wird, wobei Abtastintervalle von einer Millisekunde im Drehzahlregelkreis erreichbar sind. Im Fall des mit Gleichstrommotoren ausgerüsteten VW-Roboters G60 bewältigt eine Rechnerkarte die Gelenkregelung aller sechs Achsen.

## 8.1 Doppelprozessorkarte

### 8.1.1 Hauptprozessor

Den Kern der baugleichen Doppelprozessorkarten bildet der TMS 99105. Er besitzt eine Speicher-zu-Speicher-Architektur, die eine kurze Interrupt-Antwortzeit gewährleistet, und zeichnet sich durch kurze Befehlsausführungszeiten, speziell bei Rechenoperationen aus. Zur vollen Ausnutzung der Prozessorleistung werden besonders schnelle Speicher-Bausteine eingesetzt, so daß ein Transfer zwischen zwei Speicherstellen nur 500 Nanosekunden benötigt. Bild 8.2 zeigt die Blockschaltung der im Doppel-Europa-Format aufgebauten Rechnerkarte. An Peripheriebausteinen stehen

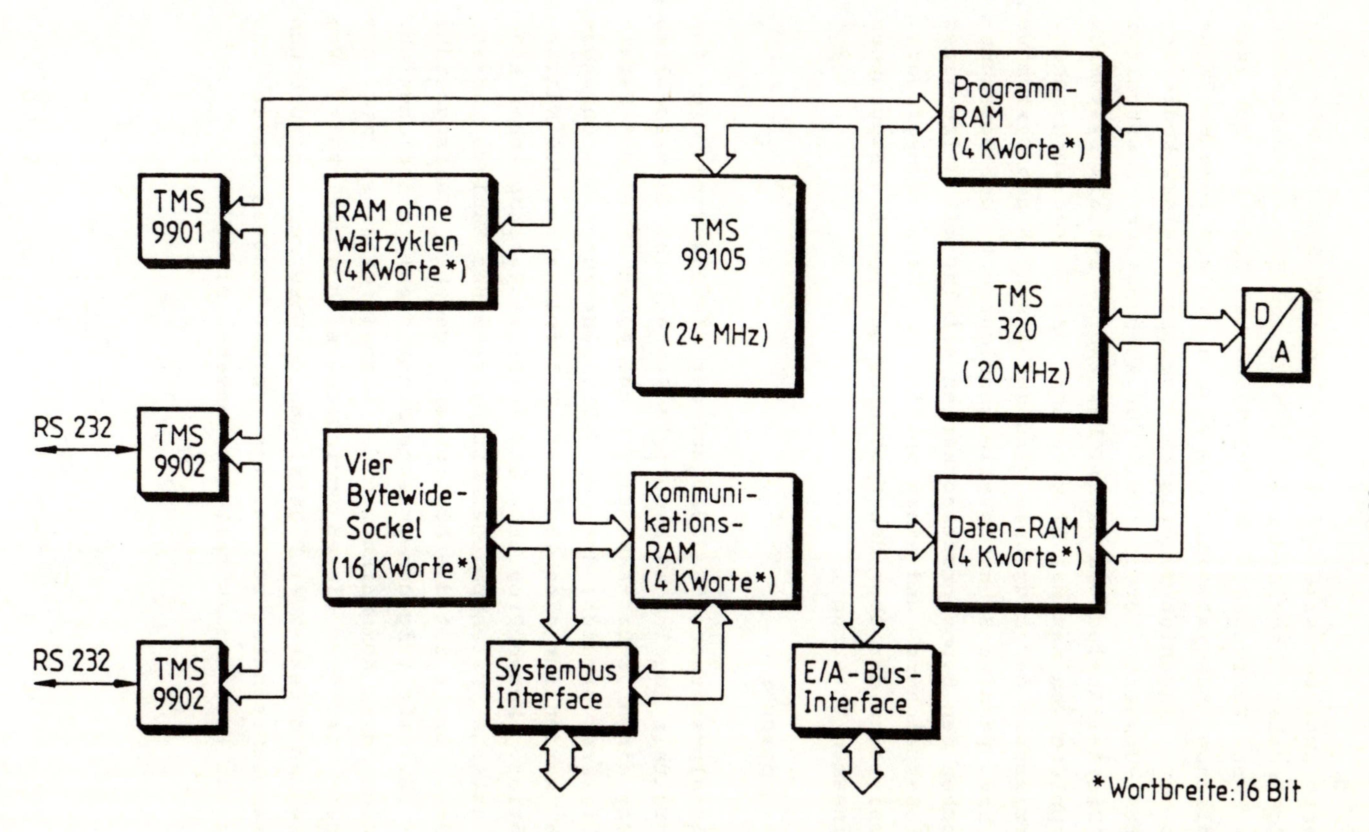


Bild 8.2: Doppelprozessorkarte

auf der Karte zwei serielle Schnittstellen (TMS 9902) sowie ein Interrupt-Controller, kombiniert mit Zähler und Ein-/Ausgabe-Port (TMS 9901), zur Verfügung. Der TMS 99105 hat Zugriff zu zwei unterschiedlichen Bussystemen. Das eine dient als lokaler Ein-/Ausgabebus zum Anschluß benötigter Sensoren (Winkelkodierer, Analog-Digital-Umsetzer etc.) sowie zur Ausgabe der ermittelten Sollwerte (Digital-Analog-Umsetzer). Der zweite ist als Systembus für die Kopplung von maximal 17 gleichartigen Karten vorgesehen. Je nach Betriebsart der Baugruppe wird der Anschluß zum Systembus als aktive bzw. passive Schnittstelle konfiguriert. Der Datenaustausch zwischen den Doppelprozessorkarten erfolgt mit Hilfe eines Kommunikationsspeichers und einer speziellen Kopplungssoftware, die Synchronisation der über den Systembus gekoppelten Baugruppen durch gemeinsamen Interrupt.

### 8.1.2 Signalprozessor

Mit dem Signalprozessor TMS 32010 auf der Platine wird die für komplexe digitale Regelungen benötigte Rechenleistung maßgeblich erhöht. Durch einen 32-Bit-Akkumulator und einen 16x16-Bit-Parallel-Multiplizierer erreicht der TMS 32010 sehr kurze Ausführungszeiten, z.B. werden für eine 16x16-Bit-Multiplikation 200 Nanosekunden benötigt. Neben Programm- und internem Datenspeicher kann ein großer externer Datenspeicher mit Hilfe eines Zählers adressiert werden. Damit ist die Möglichkeit gegeben, umfangreiche Tabellen (z.B. für trigonometrische Funktionen) im Speicher abzulegen. Auch die Kommunikation des Signalprozessors mit dem Hauptprozessor wird über diesen Speicherbereich abgewickelt. Vom TMS 32010 können direkt zwei Digital-Analog-Umsetzer angesprochen werden, die insbesondere zur Anzeige von berechneten Werten und zur Messung von Programmlaufzeiten vorgesehen sind.

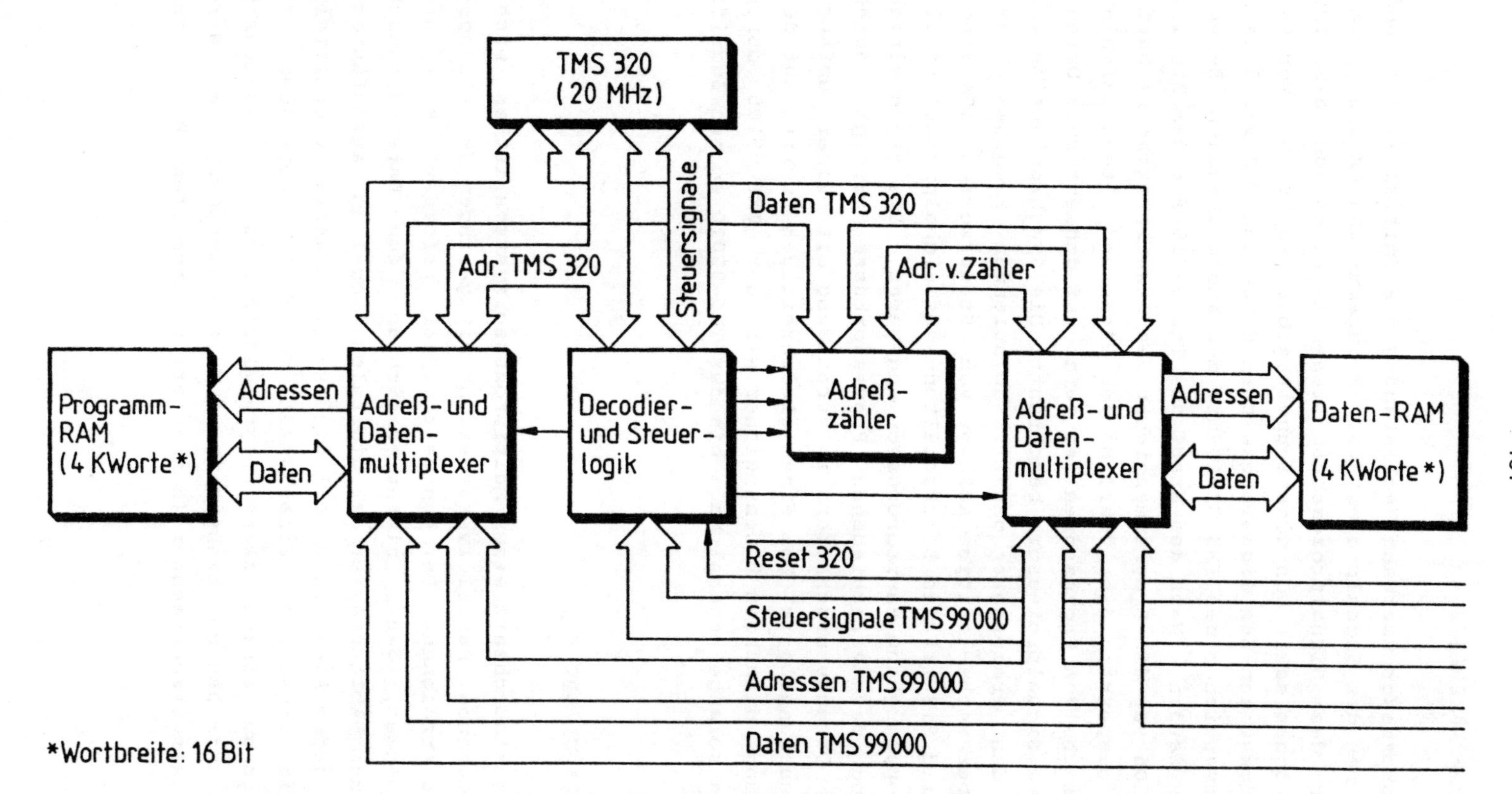


Bild 8.3: Kopplung der Signalprozessoren

### 8.1.3 Prozessorkopplung

Der Hauptprozessor überwacht vollständig die Initialisierung und die Funktionen des Signalprozessors. Programm- und externer Datenspeicher des Signalprozessors liegen im Adreßraum des TMS 99105 und können somit von diesem unmittelbar beschrieben werden. Nach dem Rücksetzen des Signalprozessors durch den TMS 99105 kann der Programmspeicher des TMS 32010 mit den auszuführenden Befehlen geladen werden. Nach dem Start des TMS 32010 ist der Zugriff des TMS 99105 auf den Programmspeicher des Signalprozessors hardwaremäßig gesperrt; die Übergabe von Daten und Steuerbefehlen zwischen den beiden Prozessoren ist jetzt auf den externen Datenspeicher des Signalprozessors beschränkt. Die Synchronisation von zwei auf den Prozessoren parallel ablaufenden Programmen geschieht über wechselseitige Abfrage von Steuerworten (Semaphoren). In Bild 8.3 ist die Blockschaltung des Signalprozessorteils mit der Kopplung zum Hauptprozessor angegeben. Die gegenseitige Verriegelung der verschiedenen Prozessorbusse erfolgt durch Adreß- und Datenbusumschalter in Verbindung mit einer umfangreichen Steuerungslogik. Bei einem gleichzeitigen Zugriff auf den der Kopplung dienenden Datenspeicher wird der TMS 99105 durch Wartezyklen solange angehalten, bis der TMS 32010 seinen Zugriff beendet hat.

## 8.2 Rechnerkopplung

Für den Gesamtdurchsatz eines Multiprozessorsystems ist es wichtig, weitgehende Parallelverarbeitung mit geringem Verwaltungsaufwand zu erreichen. Der Echtzeitbetrieb erfordert konstante Abtastfrequenzen, daher bietet es sich an, den Datenaustausch synchron zum Abtastraster der digitalen Regelung auszuführen, damit in jedem Abtastintervall die aktuellen Werte übermittelt werden. Wird immer die gleiche Anzahl von Werten übertragen, so ergeben sich gut einschätzbare Programmlaufzeiten. Der Austausch der Daten zwischen den Einheiten des Multiprozessorsystems wird von einer als Steuerrechner (Busmaster) bezeichneten Prozessor-

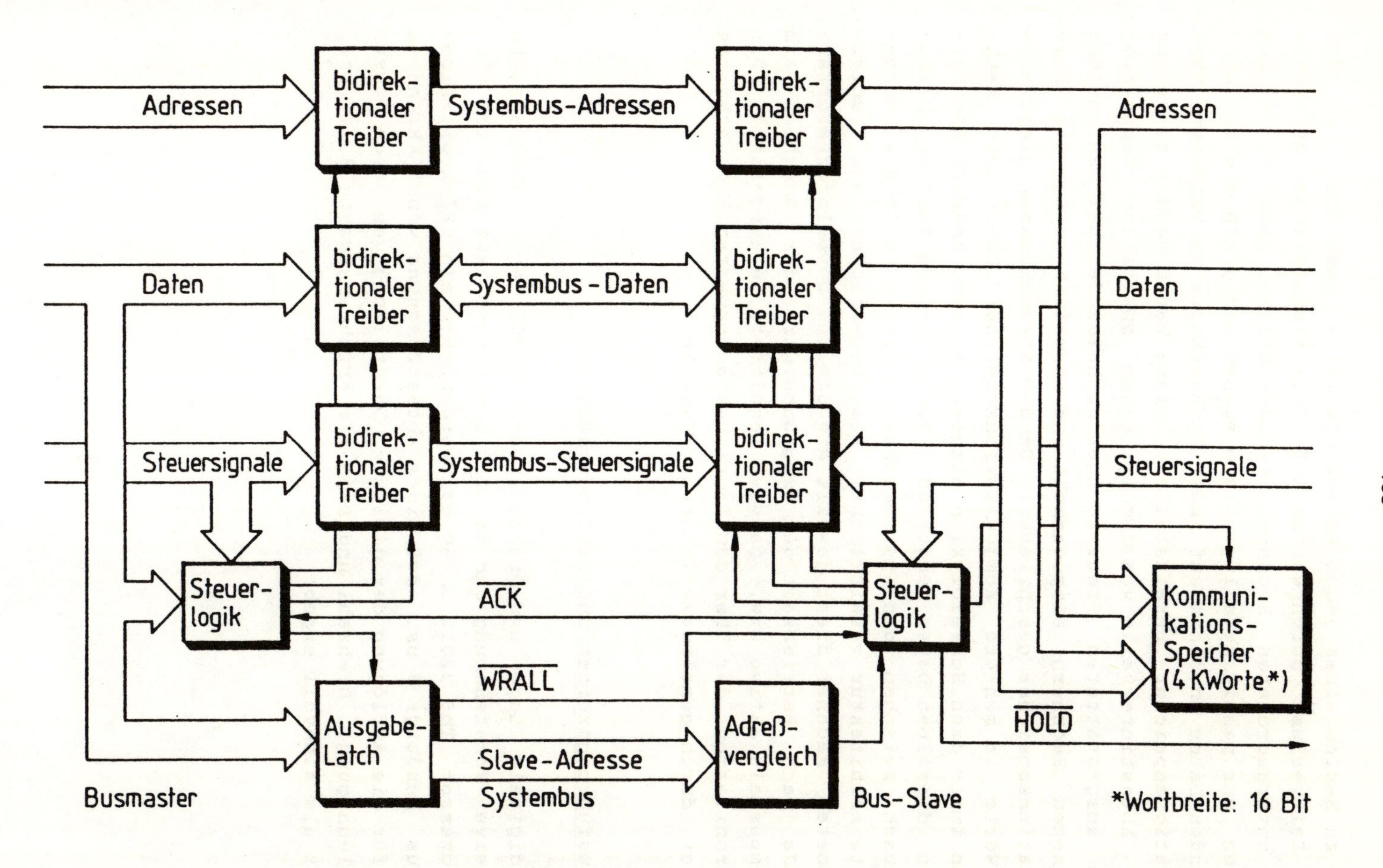


**Bild 8.4:** Kopplung der Doppelprozessorkarten

karte zu Beginn eines jeden Abtastintervalls ausgeführt, so daß kein Zeitverlust durch Warten auf Zugriffszuteilung entsteht. Alle untergeordneten Rechnerkarten des Systems sind an diesem Vorgang nur passiv beteiligt, sie müssen lediglich die zu übertragenden Daten in einem auf jeder Rechnerkarte vorhandenen Kommunikationsspeicher bereitstellen. Diese Daten werden zu Beginn eines Abtastintervalls von dem mit einem speziellen Koppelprogramm ausgestatteten Steuerrechner nacheinander bei den untergeordneten Rechnern eingesammelt und anschließend in die Kommunikationsspeicher geschrieben. Da der Steuerrechner gleichzeitig Werte in mehrere Kommunikationsspeicher übertragen kann, werden immer dann Schreibzyklen eingespart, wenn mehrere Rechnerkarten dieselben Daten benötigen. Deshalb wurde für den Datenaustausch zwischen den Systemeinheiten die in Bild 8.4 dargestellte Architektur verwirklicht. Als Steuerrechner bzw. untergeordneter Rechner dient jeweils die gleiche Doppelprozessorkarte. Je nach Betriebsart der Baugruppe wird der Anschluß zum Systembus als aktive bzw. passive Schnittstelle ausgeführt. Die Synchronisation der über den Systembus gekoppelten Rechnerkarten erfolgt durch gemeinsame Interrupt-Signale.

## 8.3 Ausführungszeiten und Zahlendarstellung

Die digitale Lage- und Drehzahlregelung für eine Roboterachse inklusive Vorsteuerung und Drehzahlbestimmung läßt sich vom Signalprozessor TMS 32010 in 60 µs berechnen; ein PI-Regel-Algorithmus benötigt 8 µs. Bei einer Abtastfrequenz von 1 kHz haben sich für die Auflösung der digitalen Darstellung von Strom (bzw. Beschleunigung), Drehzahl und Lage die Erfahrungswerte 8, 16 bzw. 24 Bit als sinnvoll ergeben.

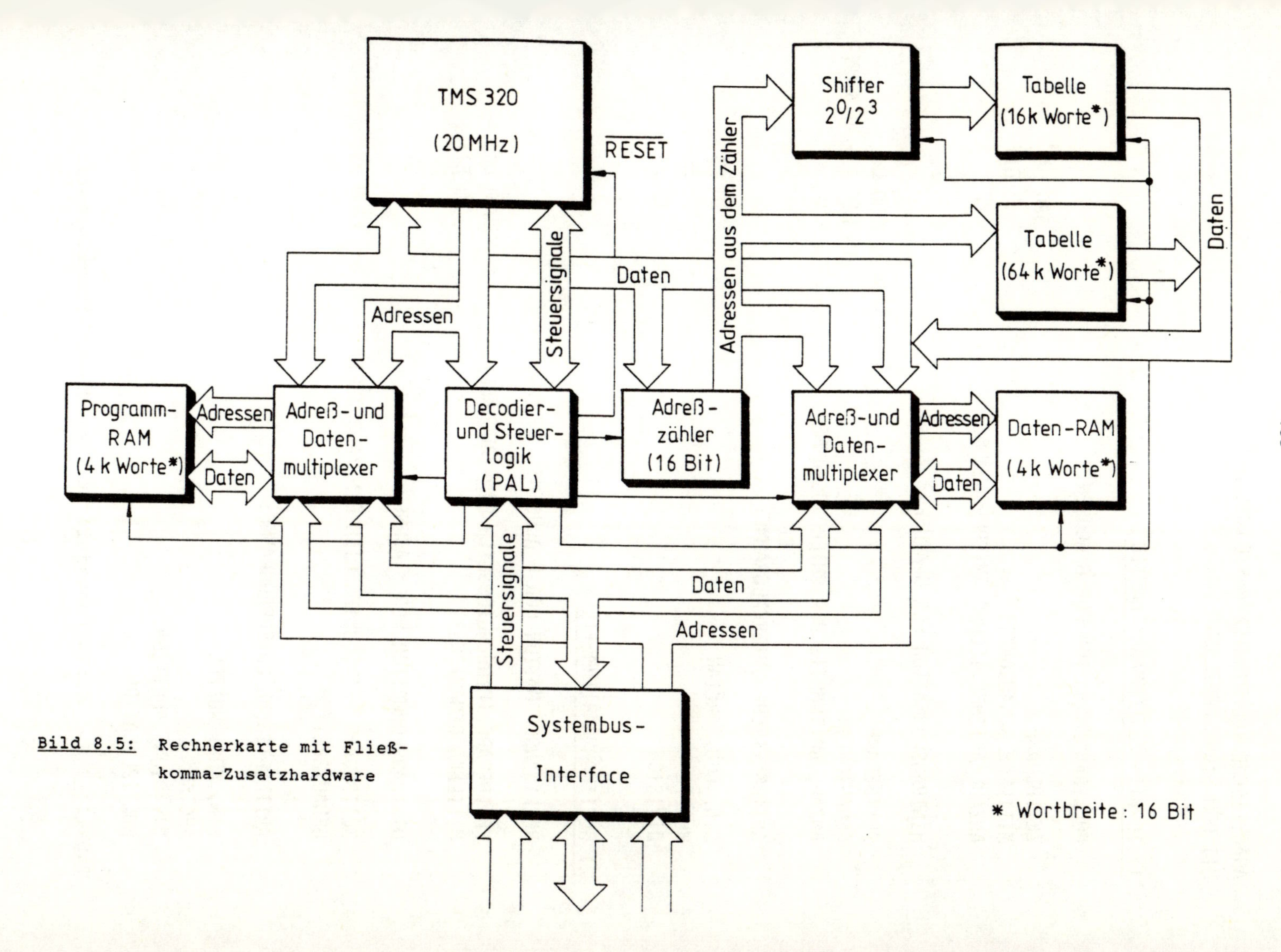


**Bild 8.5:** Rechnerkarte mit Fließ-komma-Zusatzhardware

ANALYTISCHE KOORDINATENTRANSFORMATION
MIT DEM SIGNALPROZESSOR TMS 320

1) 16-BIT-FESTKOMMAARITHMETIK

RÜCKTRANSFORMATION FÜR 6 ACHSEN:

| | |
|---|---|
| ZEITBEDARF | 580 µs |
| MITTLERE GENAUIGKEIT | 12 BIT |
| ANZAHL ARITHMETISCHER UNTERPROGRAMME | 27 |

HINTRANSFORMATION FÜR 6 ACHSEN:

| | |
|---|---|
| ZEITBEDARF | 250 µs |
| GENAUIGKEIT | 14 BIT ≙ ± 0,3 MM |
| ANZAHL ARITHMETISCHER UNTERPROGRAMME | 14 |

ARITHMETISCHE UNTERPROGRAMME:

| | |
|---|---|
| SIN, COS, ARCTAN | 10 µs |
| WURZEL | 30 µs |
| DIVISION | 15 µs |

2) GLEITKOMMAARITHMETIK

RÜCKTRANSFORMATION FÜR 6 ACHSEN:

| | |
|---|---|
| ZEITBEDARF (EINSCHLIESSLICH EIN-/AUSGABE) | 2000 µs |
| MITTLERE GENAUIGKEIT | 20 BIT |

HINTRANSFORMATION FÜR 6 ACHSEN:

| | |
|---|---|
| ZEITBEDARF (EINSCHLIESSLICH EIN-/AUSGABE) | 1700 µs |
| GENAUIGKEIT | 22 BIT |

ARITHMETISCHE UNTERPROGRAMME:

| | |
|---|---|
| SIN, COS, WURZEL | 26 µs |
| ARCTAN | 45 µs |
| DIVISION, ADDITION | 20 µs |
| MULTIPLIKATION | 8 µs |

Tabelle 8.1: Ausführungszeit für Koordinatentransformationen

## 8.4 Fließkomma-Arithmetik

Die Berechnung der Koordinatentransformationen für Gelenkarmroboter erfordert eine Fließkomma-Zahlendarstellung, da die Berechnungen erfahrungsgemäß mit einer Auflösung von mindestens 24 Bit durchzuführen sind. Hin- und Rück-Transformation für den sechsachsigen VW-Gelenkarmroboter wurden in Assemblersprache für den Signalprozessor TMS 32010 programmiert. Da der TMS 32010 eigentlich für Festkomma-Operationen vorgesehen ist, wurde ein schnelles Tabellenwerk (Bild 8.5) hinzugefügt, um speziell die Ausführungszeiten für trigonometrische Funktionen deutlich zu reduzieren (Tabelle 8.1). Der Zeitbedarf für die Rück-Transformation in Fließkomma-Zahlendarstellung konnte so auf zwei Millisekunden gesenkt werden /B6/.

## 8.5 Sensor-Schnittstellen

Die Datenübertragung zwischen Sensoren (Winkelcodierer, Beschleunigungsaufnehmer, etc.) und dem Multirechner erfolgt störsicher, synchron-seriell über Lichtwellenleiter mit einer Übertragungsfrequenz von 1 Mbaud. Die Meßsignale werden dazu in der Nähe des Meßortes entsprechend vorverarbeitet. Die Laufzeit zwischen Messung und Weiterverarbeitung im Rechner liegt unter 30 Mikrosekunden und führt zu keiner Einschränkung hinsichtlich der Leistungsfähigkeit des Multiprozessorsystems. So werden z.B. die Signale eines Beschleunigungsaufnehmers in der Nähe des Meßortes analog-digital gewandelt und anschließend seriell über den Lichtwellenleiter zum Multiprozessorsystem geleitet (Bild 8.6). Um die Sensorsignale synchron zum Abtastraster der digitalen Regelung auszulesen, wird ebenfalls über einen Lichtwellenleiter ein Leseimpuls an die Auswerte-Elektronik geschickt.

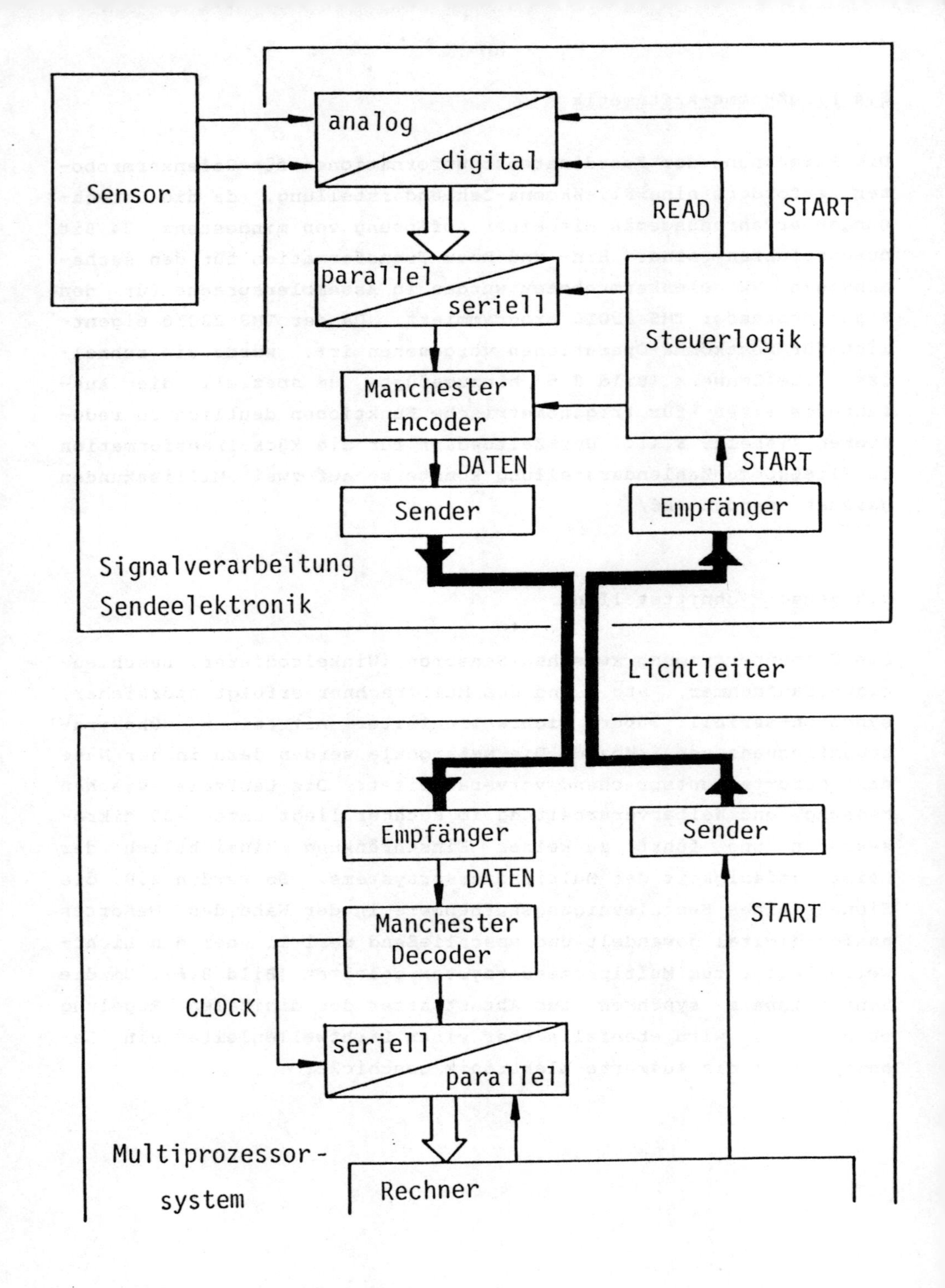


<u>**Bild 8.6:**</u> **Serielle Sensorschnittstelle**

## 8.6 Programmentwicklung und Betriebssoftware

Zur vollen Ausnutzung der Rechenleistung des Multiprozessorsystems mußte die Programmentwicklung in Assemblersprache erfolgen, so daß Testmöglichkeiten besondere Bedeutung erhalten. Eine spezielle Betriebssoftware erlaubt, Programme für den TMS 32010 bzw. den TMS 99105 im Einzelschrittverfahren zu überprüfen. Jede Rechnerkarte verfügt über einen separaten Terminal-Anschluß. Mit Hilfe von Transferprogrammen kann der per Cross-Software auf einer Rechenanlage VAX 11/750 erstellte Code direkt als lauffähiges Programm in den Speicher des Multiprozessorsystems geladen werden, so daß gegenüber einer Programmablage in Eproms eine größere Flexibilität und ein zügigerer Arbeitsablauf erreicht wird. Eine umfangreiche Betriebssoftware übernimmt Aufgaben der Sicherheitsüberwachung und Kommunikation mit dem Benutzer, so z.B. die interaktive Teach-In-Programmierung von Punktfolgen oder Bahnen.

# 9. Echtzeitsimulation eines Roboters mit graphischer Ausgabe

Die Echtzeitsimulation als Mittel zur besseren Beherrschung komplexer technischer Systeme findet zunehmende Verbreitung, beispielsweise in der Flug- oder Fahrzeugtechnik. Der Einsatz eines Simulationssystems bei der Entwicklung einer Robotersteuerung bietet den Vorteil, daß Probleme schon vor Beginn eines praktischen Einsatzes erkannt werden; neuerstellte Programme lassen sich gefahrlos erproben und in Betrieb nehmen. Die Simulation eines Roboters umfaßt die beiden wesentlichen Funktionen, das dynamische Verhalten zu berechnen und die Kinematik mit Hilfe einer graphischen Darstellung nachzubilden. Sie erlaubt, Kinematik und Dynamik eines Roboters nahezu beliebig zu variieren, so daß Regelverfahren an unterschiedlichen Robotertypen zu erproben sind. Kostenintensive Messungen entfallen, da alle Größen im Simulator zur Verfügung stehen.

Die Echtzeitsimulation eines Roboters sollte im Interesse quasistetiger Signalverläufe mit Abtastintervallen von nicht mehr als einer Millisekunde durchgeführt werden (Kapitel 4), so daß ebenso wie in einer hochwertigen Robotersteuerung leistungsfähige Rechner einzusetzen sind.

Die Entwicklung des hier vorgestellten Simulators erfolgte auf der Basis eines handelsüblichen Personal Computers, der um Rechnerkarten mit dem Signalprozessor TMS 32020 erweitert wurde.

Während die Simulation bislang auf die Berechnung der Dynamik dreier elastischer Hauptachsen eines Gelenkarmroboters beschränkt wurde, erlaubt die 3D-Graphik die Darstellung eines sechsachsigen Gerätes.

## 9.1 Geräte-Beschreibung und Bedienung

Um einen Roboter durch das Simulationssystem zu ersetzen, müssen von der Robotersteuerung digitale Stromsollwerte im Takt der Abtastregelung an den Simulator übergeben werden; in umgekehrter Richtung sind die durch numerische Integration der Bewegungsdifferentialgleichungen ermittelten Gelenkstellungen des simulierten Roboters an die Steuerung zu übertragen. Die Verbindung zwischen Simulator und Robotersteuerung (beispielsweise das in Kapitel 8 beschriebene Multiprozessorsystem) ist als serielle Schnittstelle ausgeführt und erlaubt eine Datenübertragungsrate von 3 Mbaud, so daß keine nennenswerten Verzögerungen entstehen.

Bild 9.1 zeigt die Gesamtanordnung, die neben der Grundausstattung des Personalcomputers zwei Rechnerkarten mit dem TMS 32020 sowie zwei mit dem Graphik-Prozessor NEC µPD 7220 bestückte Baugruppen und einen Farbmonitor umfaßt. Der eine Signalprozessor ist verantwortlich für die Berechnung der Dynamik und die Kommmunikation mit der Robotersteuerung, der zweite bearbeitet die Programme zur 3D-Graphik und bedient die Graphik-Baugruppen.

Um ein einwandfreies Bild zu erzeugen, sind zwei miteinander synchronisierte Graphik-Baugruppen erforderlich. Während die eine gerade das aktuelle Bild darstellt, wird die andere gleichzeitig mit den Informationen für das nächste Bild versorgt. Die Umschaltung erfolgt per Programm des zuständigen Signalprozessors. Da die Zeit zur Graphik-Berechnung und Programmierung der Graphik-Prozessoren weniger als 33 Millisekunden beträgt, können 30 Bilder pro Sekunde flimmerfrei dargestellt werden. Der Farbmonitor besitzt eine Auflösung von 640 x 480 Bildpunkten.

Der Signalprozessor TMS 32020 ist in seinen Eigenschaften vergleichbar mit dem TMS 32010 (Kapitel 8), verfügt aber über einige Zusatzfunktionen, die Matrizenoperationen vereinfachen. Eine Verknüpfung mit anderen Prozessoren wird durch eine leistungsfähigere 16-Bit-Parallelschnittstelle sowie eine zusätzliche

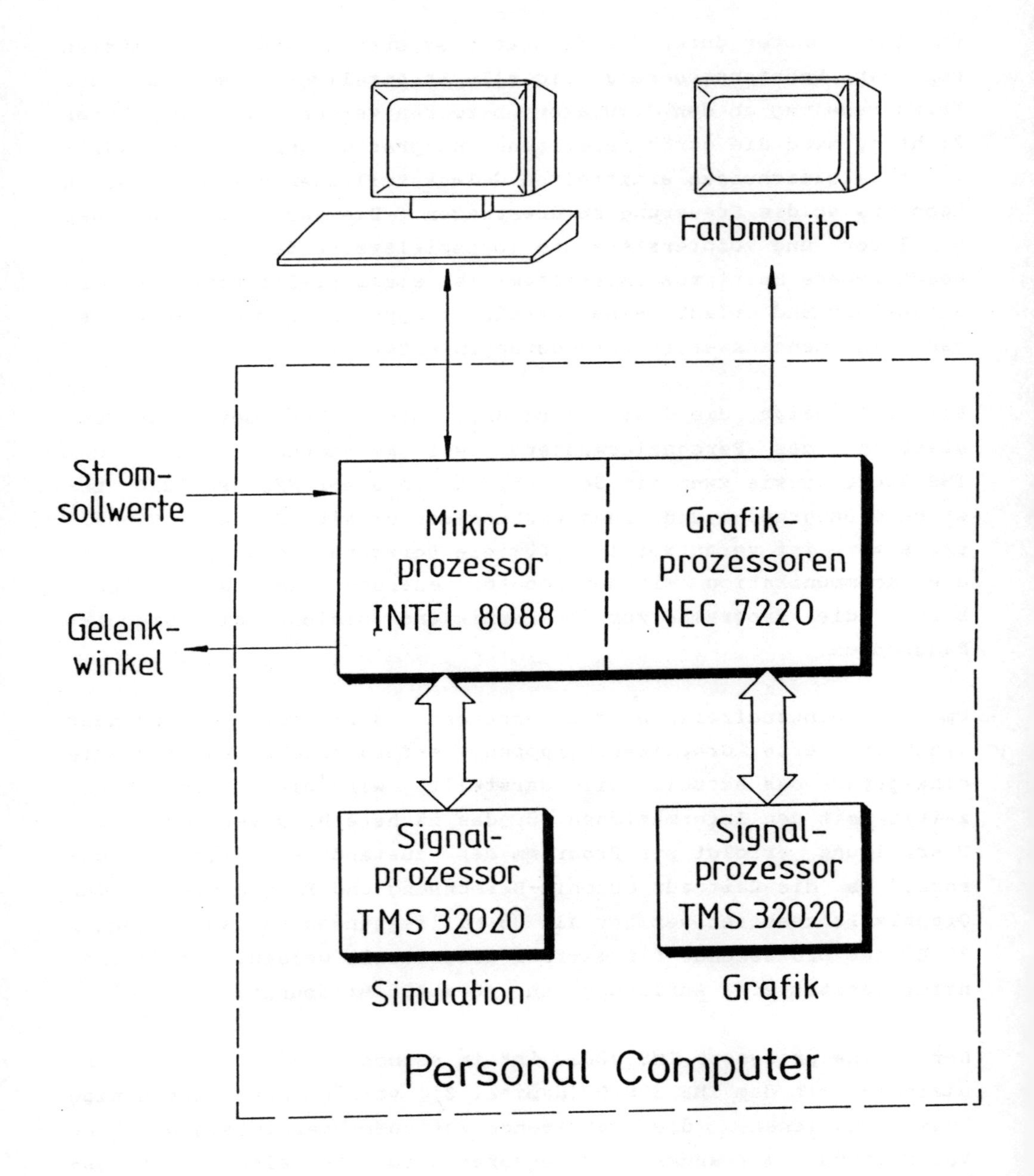


Bild 9.1: Roboter-Echtzeitsimulator

serielle Schnittstelle erleichtert. Die für die Berechnung der Dynamik verantwortliche Signalprozessorkarte wurde mit zwei 12-Bit-Digital-Analog-Umsetzern ausgerüstet, um die zeitlichen Verläufe beliebiger innerer Größen ausgeben zu können. Programm- und Datenspeicher einer Signalprozessorkarten besitzen einen Umfang von je 16 kbyte.

Der Mikroprozessor Intel 8088 des Personalcomputers wickelt den Datenaustausch zwischen den Signalprozessoren ab und dient der Kommunikation mit dem Benutzer. Die Bedienung erfolgt Menü-gesteuert und erlaubt auf einfache Weise die Eingabe von Parametern, wie z.B. Massen, Trägheitsmomente oder Getriebeübersetzungen. Der Simulator kann auch als Entwicklungssystem zur Änderung der in Assemblersprache erstellten Signalprozessor-Programme genutzt werden.

## 9.2 3D-Graphik

Die graphische Darstellung eines Roboters vermittelt einen anschaulichen Gesamteindruck von simulierten Bewegungsabläufen. Hauptziel beim Aufbau des Graphiksystems war die Verwirklichung des Echtzeitbetriebs. Deshalb erfolgt die Darstellung eines sich bewegenden sechsachsigen Gelenkarmroboters (drei Haupt- und drei Handachsen) in Form eines sogenannten Drahtmodells (Bild 9.2), d.h. sämtliche Kanten der einzelnen Armsegmente, auch normalerweise verdeckte Linien, werden gezeigt. Außerdem wurde auf eine Fluchtpunktperspektive in der Abbildung verzichtet, um Rechenzeit einzusparen.

Das Graphiksystem läßt sich in sechs logische Ebenen unterteilen, von denen die unteren drei vom Graphikprozessor, die oberen drei vom Programm des Signalprozessors bearbeitet werden:

- Bildschirmansteuerung durch den Graphikprozessor,
- Verwaltung des Bildspeicherinhalts,

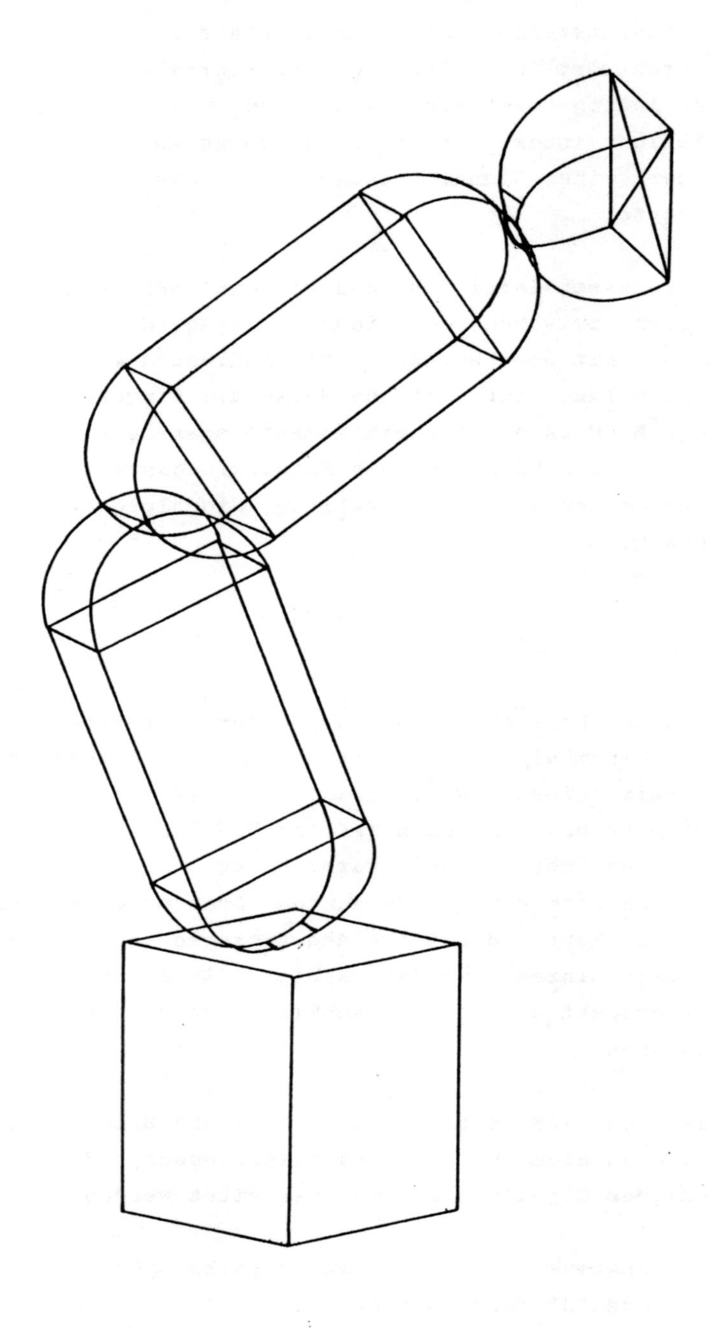

Bild 9.2: Graphische Darstellung als Drahtmodell

- selbsttätige Durchführung elementarer Zeichenfunktionen (hier: Zeichnen von Vektoren bei vorgegebenen Anfangs- und Endpunkten),
- Datenaufbereitung für den Graphikprozessor (online),
- Koordinatentransformationen (online),
- Definition von Datenlisten (offline).

Die Verarbeitung der Daten sogenannter Kantenmodelle geschieht mit Hilfe zweier Listen /N1,P5/. In einer Liste werden nach Armsegmenten gegliedert Endpunkte von Linien in dreidimensionalen, körperfesten Koordinaten abgelegt. Eine zweite Liste enthält die Informationen, welche der Punkte miteinander zu verbinden sind. Dadurch wird vermieden, daß Berechnungen doppelt vorgenommen werden, wenn ein Punkt sowohl Ende der einen, als auch Anfang einer anderen Linie ist.

Die Transformation der dreidimensionalen körperbezogenen Koordinaten in ein Bildschirm-orientiertes Koordinatensystem erfolgt ähnlich wie bei der Hin-Transformation für Roboter-Kinematiken mit Hilfe homogener Matrizen (Kapitel 2): Sämtliche Elemente der Punkteliste sind je nach ihrer Anordnung innerhalb der kinematischen Struktur mit unterschiedlichen 4x4-Transformationsmatrizen zu multiplizieren. Zusätzlich wird eine Normierung zur Anpassung an das Bildschirmformat und eine Drehung des gesamten Objektes in eine für den Betrachter günstige Perspektive benötigt. Wird abschließend eine Koordinate der im Rechner vorliegenden dreidimensionalen Darstellung gestrichen, so erhält man die abzubildenden Punkte in Bildschirmkoordinaten.

Die einzelnen Aufgaben des Graphik-Programms sind:

- Einlesen der Gelenkstellungen des Roboters,
- Besetzung der Transformationsmatrizen mit trigonometrischen Funktionen der Gelenkstellungen,
- Produktbildung der Transformationsmatrizen,
- Transformation sämtlicher Elemente der Punkteliste,

- Aufbereitung der transformierten Punkte mit Hilfe der Verbindungs-Liste zur Weitergabe an den jeweils selektierten Graphikprozessor,
- Verwaltung der Auswahl der Graphik-Baugruppen.

Die gesamte Programmlaufzeit zur Darstellung von 150 geraden Linien (Vektoren) einschließlich des Datentransfers zwischen Signal- und Graphikprozessor beträgt etwa 30 Millisekunden.

## 9.3 Echtzeitsimulation der Dynamik

Die numerische Integration der Bewegungsdifferentialgleichungen eines Gelenkarmroboters liefert aus vorgegebenen Momentenverläufen der Antriebe die Winkelgeschwindigkeiten und die Gelenkstellungen in den einzelnen Achsen. Bei einer Beschränkung auf die drei Hauptachsen eines Gelenkarmroboters werden die Bewegungsgleichungen zweckmäßig mit Hilfe des Lagrangeschen Energieansatzes gewonnen, wie bereits in Kapitel 2 ausführlich dargestellt wurde.

Wegen der für einen Signalprozessor günstigen Festkomma-Zahlendarstellung mit einer Wortbreite von 16 bzw. 32 Bit müssen die Bewegungsgleichungen in analytischer Form vorliegen, denn für das rekursive Rechenverfahren nach Newton-Euler reicht diese Auflösung nicht aus. Die Integration erfolgt mit einer Abtastfrequenz von 1 kHz nach der Rechteckregel /L4/. Die Genauigkeitseinbußen durch dieses einfache Integrationsverfahren wirken sich nicht nachteilig aus, da die Simulation in Verbindung mit einer Robotersteuerung insgesamt zu einem geregelten System wird und Integrationsfehler sich als geringfügige zusätzliche Störungen in der Regelstrecke interpretieren lassen. Abtastraster von Simulator und Robotersteuerung werden durch den gemeinsamen Datenaustausch miteinander synchronisiert, so daß keine Probleme aufgrund unterschiedlicher Abtastfrequenzen auftreten.

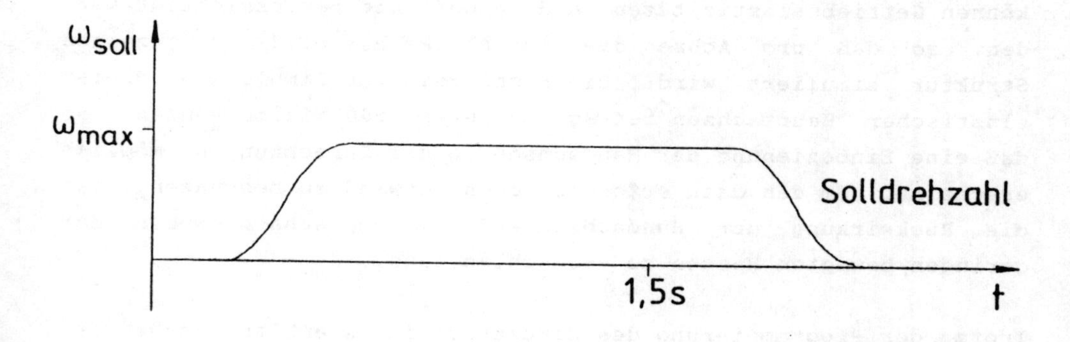


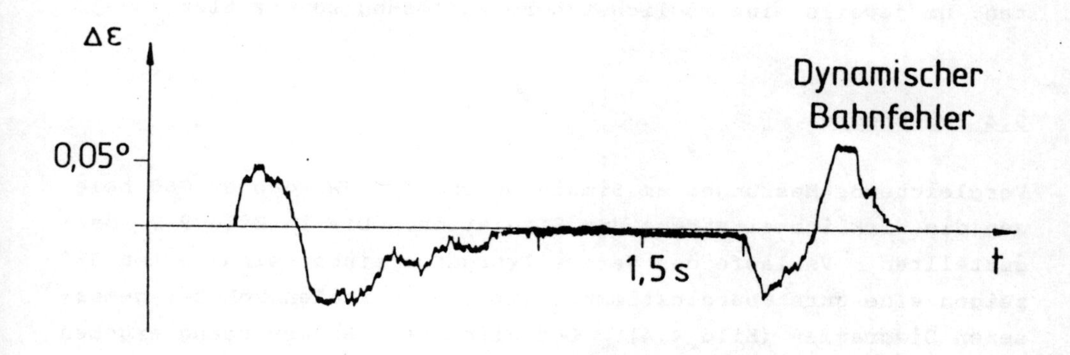


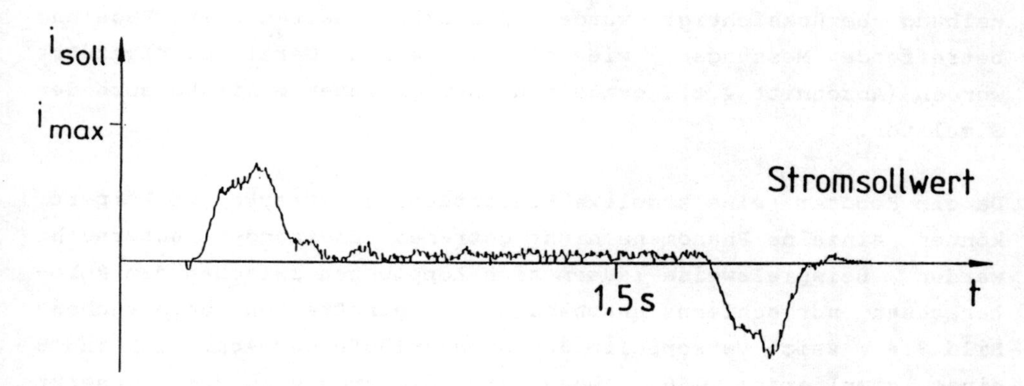


Bild 9.3: Simulierte Meßergebnisse der Gelenkregelung für die Hauptachse 1

Während die Dynamik der Stromregelkreise vernachlässigt wird, können Getriebeelastizitäten und Reibeffekte berücksichtigt werden, so daß pro Achse die im Blockschaltbild 5.2 gezeigte Struktur simuliert wird. Die Rechenzeit zur Simulation dreier elastischer Hauptachsen beträgt nur etwa 500 Mikrosekunden, so daß eine Einbeziehung der Handachsen in die Berechnungen möglich erscheint. Um den dazu erforderlichen Aufwand zu begrenzen, ist die Rückwirkung der Handachsen auf die Hauptachsen wegen der geringen bewegten Massen zu vernachlässigen.

Trotz der Programmierung des Simulators in Assemblersprache erlauben leistungsfähige arithmetische Unterprogramme eine strukturierte Programmentwicklung. Wegen der Festkomma-Zahlendarstellung ist auf eine geeignete Normierung aller Größen zu achten, um jeweils eine möglichst hohe Auflösung zu erzielen.

## 9.4 Ergebnisse

Vergleichende Messungen am Simulator und dem VW-Roboter G60 belegen die Wirklichkeitstreue der Simulation. Die in Bild 9.3 dargestellten Verläufe des Verstellvorgangs eines simulierten G60 zeigen eine gute Übereinstimmung mit den am realen Roboter gemessenen Diagrammen (Bild 4.4). Lediglich beim Bremsvorgang ergeben sich unterschiedliche Vorzeichen im Verlauf des dynamischen Bahnfehlers, da in der Simulation nur geschwindigkeitsproportionale Reibung berücksichtigt wurde. Das Störverhalten der Regelung betreffende Messungen, wie sie am realen Gerät durchgeführt wurden (Abschnitt 4.4), ermöglicht bei geringerem Risiko auch der Simulator.

Da ein Roboter eine komplexe Mehrgrößenregelstrecke verkörpert, können einzelne Phänomene nicht getrennt voneinander untersucht werden. Beispielsweise lassen sich Kopplungen zwischen den Roboterachsen nur schlecht unabhängig von Reibeffekten untersuchen. Bild 9.4 zeigt verkoppelte Bewegungsabläufe der Achse 1 und 3 eines simulierten G60, wobei die Reibmomente zu Null gesetzt

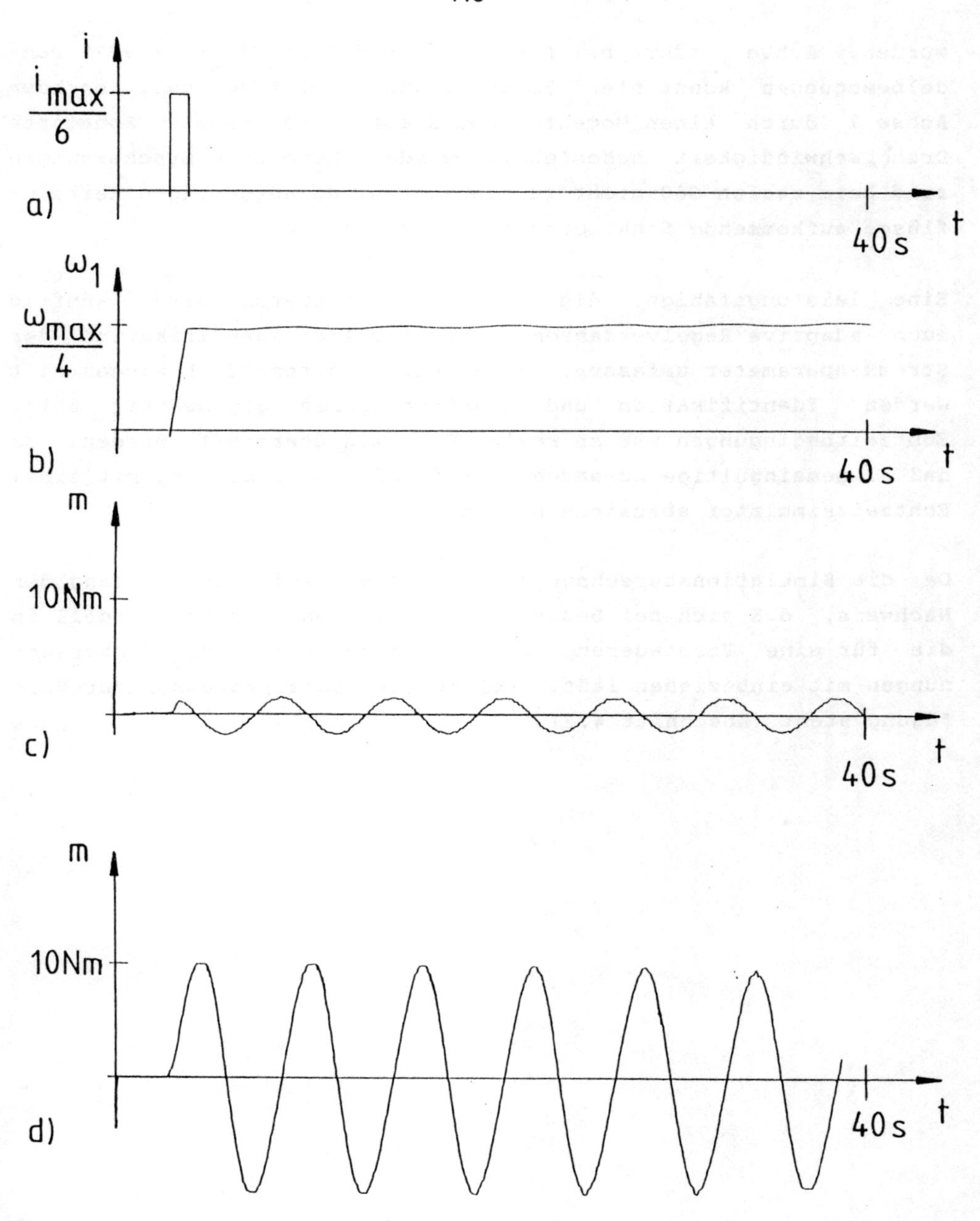


Bild 9.4: Simulationsergebnisse zur Verkopplung der Achsen 1 und 3 (ohne Reibung)

a. Stromsollwert, Achse 1
b. Drehzahl-Istwert, Achse 1
c. Koppelmoment in Achse 1, verursacht durch Achse 3
d. Koppelmoment in Achse 3, verursacht durch Achse 1

wurden. Achse 3 führt bei festgebremster Achse 2 ($\varepsilon_2$ = 90°) Pendelbewegungen konstanter Frequenz und Amplitude aus, nachdem Achse 1 durch einen Momentenimpuls auf eine nahezu konstante Drehgeschwindigkeit beschleunigt wurde. Derartige Erscheinungen sind beim realen G60 nicht zu beobachten, da ausgeprägte Reibeinflüsse aufkommende Schwingungen sofort unterdrücken.

Eine leistungsfähige, digitale Robotersteuerung wird künftig auch adaptive Regelverfahren einschließlich Identifikation der Streckenparameter umfassen, so daß Regler automatisch eingestellt werden. Identifikation und Adaption können gegenwärtig unter Echtzeitbedingungen nur an realen Robotern überprüft werden, so daß allgemeingültige Aussagen vorteilhaft in Verbindung mit einem Echtzeitsimulator abzusichern sind.

Da die Simulationsberechnungen in Echtzeit erfolgen, gelang der Nachweis, daß sich bei Bedarf ein nichtlineares Robotermodell in die für eine Vorsteuerung erforderliche Führungsgrößenberechnungen mit einbeziehen läßt, sofern ein Signalprozessor zur Verfügung steht (Abschnitt 4.3).

## 10. Zusammenfassung und Ausblick

Die Bahnführung eines Gelenkarmroboters stellt besondere Anforderungen an die Robotersteuerung, wenn bei einer Werkzeugbewegung entlang einer räumlichen Trajektorie eine größtmögliche dynamische Bahngenauigkeit angestrebt wird. Mit der Anzahl der Gelenke steigt der arithmetische Aufwand zur Koordination der einzelnen Achsantriebe. Eine ausreichende Rechenleistung kann derzeit nur durch ein Multiprozessorsystem bereitgestellt werden. Durch Integration moderner Signalprozessoren in einen eigens für komplexe Robotersteuerungen entwickelten Multirechner gelang es, die Abtastzeit der gesamten Signalverarbeitung auf etwa eine Millisekunde herabzusetzen und damit ein quasistetiges Verhalten zu erzielen.

Dem Entwurf der Regelung auf Gelenkebene ging eine Modellbildung voraus. Obwohl die Vermutung naheliegt, daß sich Bewegungen verschiedener Achsen wechselseitig stark beeinflussen, zeigte sich, daß die einzelnen Achsregelkreise sich nahezu entkoppelt verhalten und eine ähnliches Dynamik aufweisen. Die Hauptursachen sind in hohen Getriebeübersetzungen und starken Reibeffekten zu sehen, die andere Einflußgrößen überdecken. Die Gelenkregelung konnte somit in bewährter Kaskadenstruktur getrennt für jede Achse ausgelegt werden, allerdings erweitert um eine Vorsteuerung, die zu einer drastischen Verringerung des dynamischen Bahnfehlers geführt hat.

Da eine Robotermechanik elastische Elemente, wie z.B. Getriebe, enthält, verursachen plötzliche Änderungen der Handhabungslast oder sprungförmige Führungsgrößenvorgaben unerwünschte Schwingungen, die durch eine aktive Dämpfung mit Hilfe einer Beschleunigungsrückführung vermindert werden können. Schwingungen aufgrund unstetiger Führungsgrößenänderungen sind aber besser von vornherein durch eine Begrenzung des Beschleunigungsanstiegs (Ruck) zu vermeiden.

Die für eine Vorsteuerung benötigten Gelenkwinkel-Sollwerte werden online über ein dynamisches Modell berechnet, das eine gleichartige Dynamik der Achsregelkreise voraussetzt. Die Berücksichtigung stetiger Beschleunigungsverläufe erfordert einen erheblichen Rechenaufwand, da während des Bewegungsablaufs ein umfangreiches Gleichungssystem zu lösen ist. In herkömmlichen Robotersteuerungen scheiterte die Verwendung stetiger Beschleunigungsprofile bislang an der begrenzten Rechenleistung.

Für eine Führungsgrößenvorgabe in kartesischen Koordinaten ist das dynamische Streckenmodell um eine schnelle Koordinatentransformation zu ergänzen. Durch Einsatz einer speziellen Hardware und durch Optimierung der Algorithmen gelang eine Verkürzung der Ausführungszeit dieser Koordinatentransformation um eine Zehnerpotenz im Vergleich zu herkömmlichen Robotersteuerungen.

Eine praktische Erprobung der Robtersteuerung erfolgte an einem sechsachsigen VW-Gelenkarmroboter G60 und in Verbindung mit einem selbstentwickelten Echtzeit-Simulator. Insbesondere wurden die verbreiteten Anwendungsfälle einer Punkt-zu-Punkt-Steuerung und einer Bewegung der Roboterhand entlang räumlicher Polygonzüge untersucht.

Trotz der Leistungsfähigkeit des Multiprozessorsystems scheiterte bislang eine praktische Anwendung der in der vorliegenden Arbeit vorgestellten Verfahren zur iterativen Koordinatentransformation sowie zur Interpolation mit Hilfe von B-Spline-Funktionen an einem zu hohen Rechenzeitbedarf.

Ziel weiterer Arbeiten sollte eine universelle Führungsgrößenerzeugung für beliebige räumliche Sollbahnen sein, so daß unterschiedliche Orientierungen des Werkzeugkoordinatensystems und Geschwindigkeits- und Beschleunigungsprofile beliebig wählbar sind. Bei einem Einsatz in Verbindung mit externen Sensoren kann ein Führungsgrößengenerator dazu dienen, die Roboterhand in den Nahbereich des Sensors zu steuern, bis dann eine Regelung in kartesischen Raumkoordinaten aktiviert wird.

Die Implementierung einer nichtlinearen Systementkopplung als Bestandteil der Führungsgrößenerzeugung erscheint sinnvoll unter der Voraussetzung einer verbesserten Genauigkeit der Gelenkwinkelmessungen, die möglichst direkt am angetriebenen Armsegment erfolgen sollte. Die Entwicklung des Echtzeitsimulators hat erwiesen, daß eine numerische Integration der Bewegungsdifferentialgleichungen zumindest für die drei Hauptachsen eines Gelenkarmroboters online durchführbar ist.

Wegen des hohen Zeitaufwandes bei der Programmierung in Assemblersprache und in Festkomma-Zahlendarstellung ist es notwending, in künftigen Rechnerentwicklungen inzwischen verfügbare Prozessoren zu verwenden, die so leistungsfähig sind, daß sie eine Zahlenverarbeitung in Fließkomma-Darstellung erlauben und den Rechenzeitverlust bei der Programmierung in einer Hochsprache erträglich halten.

Literaturverzeichnis


/B1/ Bedrna, F.: Bahnsteuerung für einen Industrieroboter mit Multiprozessorsystem, Diplomarb., Inst. f. Regelungst., TU Braunschweig 1986

/B2/ von Bredow, B.: Meßwerterfassung und Lichtleiterdatenübertragung bei einem Industrieroboter, Diplomarb., Inst. f. Regelungst., TU Braunschweig 1985

/B3/ Brendes, M.: Koordinatentransformationen für einen Industrieroboter mit Signalprozessor, Diplomarb., Inst. f. Regelungst., TU Braunschweig 1985

/B4/ Brommundt, E.: Mechanik für Elektrotechniker, Vorlesungsmanuskript, 1978

/B5/ Bronstein, Semendjajew: Taschenbuch der Mathematik, Verlag Harri Deutsch, Thun und Frankfurt/Main, 1980

/B6/ Brune, R.: Floating-Point-Koordinatentransformationen für einen Industrieroboter mit Signalprozessor, Diplomarb., Inst. f. Regelungst., TU Braunschweig 1985

/C1/ Claussen, U.: Adaptive zeitoptimale Lageregelung eines linearen Stellantriebes mit synchronem Linearmotor, Dissertation, TU Braunschweig, 1976

/C2/ Czarkowski, U.: Monitorprogramme für TMS 99000, Entwurf, Inst. f. Regelungst., 1984

/D1/ Denavit, J.; Hartenberg, R. S.: A Kinematic Notation for Lower-Pair Mechanisms Based on Matrices, ASME Journal of Applied Mechanics (June 1955), 215-221

/D2/ Desoyer, K.; Kopacek, P.; Troch, I.: Industrieroboter und Handhabungsgeräte, Wien, 1985

/D3/ Dierks, K.: Simulation eines Roboterarmes, Studienarbeit, Inst. f. Regelungst., TU Braunschweig 1983

/D4/ Duelen, G.; Prager, K.-P.; Seidl, T.; Swaczina, K.: Mathematische Grundlagen für die Bahnsteuerung von Industrierobotern, Kernforschungszentrum Karlsruhe, KFK-PFT-E 6, 1982

/E1/ Ersü, E.: Über die Problematik der universellen Koordinatentransformation - Numerische Lösungsmöglichkeiten, VDI-Berichte 598 (S.203-216), VDI-Verlag, Düsseldorf, 1986

/F1/ Freund, E.; Hoyer, H.: Das Prinzip nichtlinearer Systementkopplung mit der Anwendung auf Industrieroboter, Regelungstechnik 28, 1980, S. 80-86 u. S. 116-126

/F2/ Fromme, G.: Einsatz eines Mikrorechners als selbstoptimierender Regler für Strecken mit abschnittweise konstanten Parametern, Regelungstechnik, 1982, Heft 6

/F3/ Futami, S.; Kyura, N.; Hara, S.: Vibration Absorption Control of Industrial Robots by Acceleration Feedback, IEEE Transactions on Industrial Electronics, Vol. IE-30 No. 3, August 1983

/G1/ Gaus, H.: Dynamisches Modell eines Knickarmroboters, Studienarbeit, Inst. f. Regelungst., TU Braunschweig 1985

/G2/ Goldstein, H: Klassische Mechanik, Akademische Verlagsgesellschaft, Frankfurt, 1963

/H1/ Hartung, H.: Iterative Koordinatentransformation für einen Industrieroboter, Studienarbeit, Inst. f. Regelungst., TU Braunschweig 1986

/H2/ Heiß, H.: Grundlagen der Koordinatentransformation bei Industrierobotern, Robotersysteme 2, 65-71, 1986

/H3/ Hiller, M.: Mechanische Systeme, Springer-Verlag, Berlin, 1983

/H4/ Hirzinger, G.: Adaptiv sensorgeführte Roboter mit besonderer Berücksichtigung der Kraft-Momenten-Rückkopplung. Robotersysteme, Heft 3, 1985

/H5/ Hopfengärtner, H.: Lageregelung schwingungsfähiger Servosysteme am Beispiel eines Industrieroboters, Regelungstechnik, 1981, Heft 1

/J1/ Juen, G.; Zeitz, M.: Zustandsregelung von elastischen Antrieben mit Beschleunigungsrückführung, Regelungstechnik, 1984, Heft 6

/K1/ Kahle, G.: Nichtlineare Systementkopplung und Schwingungsdämpfung bei einem Industrieroboter, Diplomarb., Inst. f. Regelungst., TU Braunschweig 1985

/K2/ Keppeler, M.: Führungsgrößenerzeugung für numerisch bahngesteuerte Industrieroboter, Springer-Verlag, Berlin, Heidelberg, 1984

/K3/ Klein, H. J.: Entwurf und Realisierung einer nichtlinearen Industrieroboter-Regelung für höhere Arbeitsgeschwindigkeit, VDI-Verlag, Düsseldorf, 1985

/K4/ Kuntze, H. B.: Regelungsalgorithmen für rechnergesteuerte Industrieroboter, Regelungstechnik 32 (1984) 215 - 226

/L1/ Langen, A.: Regelung eines Industrieroboters mit Signalprozessor, Diplomarb., Inst. f. Regelungst., TU Braunschweig 1984

/L2/ Leonhard, W.: Control of Electrical Drives, Springer-Verlag, Berlin, Heidelberg, 1985

/L3/ Leonhard, W.: Einführung in die Regelungstechnik, Vieweg-Verlag, Braunschweig, 1981

/L4/ Leonhard, W.: Diskrete Regelsysteme, BI-Verlag, Mannheim, 1972

/L5/ Leonhard, W.: Statistische Analyse linearer Regelsysteme, Teubner-Verlag, Stuttgart, 1973

/L6/ Lessmeier, R.; Schumacher, W.; Leonhard, W.: Microprocessor Controlled AC-Servo Drives with Synchronous or Induction Motors: Which is Preferable ? IEEE-IAS-1985 Annual Meeting, Toronto, October 1985

/L7/ Lückel, J; Müller, P.C.: Verallgemeinerte Störgrößenaufschaltung bei unvollständiger Zustandskompensation am Beispiel einer aktiven Federung, Regelungstechnik 27 (1979) Heft 9

/L8/ Luh, J.Y.S.; An Anatomy of Industrial Robots and Their Controls, IEEE Transactions of Automatic Control, Vol. AC-28, No. 2, February 1983

/M1/ Mahler, T.: Aufbau und Inbetriebnahme einer Rechnerweiche, Studienarbeit, Inst. f. Regelungst., TU Braunschweig 1985

/M2/ Manigel, J.: Echtzeitsimulation eines dreiachsigen Industrieroboters, Diplomarb., Inst. f. Regelungst., TU Braunschweig 1986

/M3/ Mehner, F.: Entwurf und Implementierung einer effizienten Bahnsteuerung für verschiedene Typen von Industrierobotern, Dissertation, Fernuniversität-Gesamthochschule Hagen, 1985

/N1/ Newman, W. M.; Sproull, R. F.: Principles of Interactive Computer Graphics, McGraw-Hill, 1984

/O1/ Olomski, J.: Bahnregelung bei einem Industrieroboter mit Multiprozessorsystem, Diplomarb., Inst. f. Regelungst., TU Braunschweig 1985

/P1/ Patzelt, W.: Zur Lageregelung von Industrierobotern bei Entkopplung durch das inverse System, Regelungstechnik, 1981, Heft 12

/P2/ Paul, R. P.: Robot Manipulators: Mathematics, Programming and Control. The MIT Press, Cambridge, Massachusetts and London, 1981

/P3/ Pestel, E.: Technische Mechanik, BI-Verlag, Zürich, 1971

/P4/ Plotzki, H.: Meßdatendatenerfassung bei einem Industrieroboter, Studienarbeit, Inst. f. Regelungst., TU Braunschweig 1985

/P5/ Pomaska, G.: Computergrafik, 2D- und 3D-Programmierung, Vogel-Buchverlag, Würzburg, 1984

/R1/ Raatz, E.: Der Einfluß von elastischen Übertragungselementen auf die Dynamik geregelter Antriebe. Techn. Mitt. AEG-Telefunken 63 (1973), S. 205-209

/R2/ Röpken, H.: Grafische Darstellung eines Industrieroboters in Echtzeit mit Signalprozessor, Diplomarb., Inst. f. Regelungst., TU Braunschweig 1986

/R3/ Rojek, P.; Olomski, J.; Leonhard, W.: Schnelle Koordinatentransformation und Führungsgrößenerzeugung für bahngeführte Industrieroboter, Robotersysteme 2, 73-81, (1986)

/R4/ Rojek, P.; Wetzel, W.: Mehrgrößenregelung mit Signalprozessoren, Elektronik, Nr. 16, 1984, S. 109-114

/R5/ Rojek, P.; Lessmeier, R.; Leonhard, W.: Modular Microcomputer System for Advanced Robot Control, Symposium on "Elektro-mechanics and Industrial Electronics Applied to Manufacturing Processes", S. Felice Circeo, Italy, September 1985

/S1/ Schmidt, K.: Einsatz eines Parallelrechners für die Untersuchung dynamischer Vorgänge in Energieversorgungsnetzen, Dissertation, TU Braunschweig, 1982

/S2/ Schulze, E.: Gleitkomma-Arithmetik für den Signalprozessor TMS 32010, Entwurf, Inst. f. Regelungst., TU Braunschweig, 1984

/S3/ Schumacher, W.; Rojek, P.; Letas, H.-H.: Hochauflösende Lage- und Drehzahlerfassung optischer Geber für schnelle Stellantriebe, Elektronik, Nr. 10, 1985, S. 65-68

/S4/ Schwarz, W.; Zecha, M.; Meyer, G.: Industrierobotersteuerungen, Hüthig Verlag, Heidelberg 1985

/S5/ Seeger, G.: Multiprozessor-geregelter Mehrkoordinatenantrieb mit Drehfeldmaschinen, Diplomarbeit, Inst. f. Regelungst., TU Braunschweig 1986

/S6/ Seeger, G. H.; Paul, R. P.: Optimizing Robot Motion along a Predefined Path, Proc. IEEE Conference on Robotics and Automation, St. Louis, 1985

/S7/ Späth, H.: Spline-Algorithmen zur Konstruktion glatter Kurven und Flächen, Oldenbourg, München, 1983

/S8/ Spiegel, M. R.: Allgemeine Mechanik, McGraw-Hill Book Company GmbH, 1979

/S9/ Steck, E.: Technische Mechanik, Umdruck zur Vorlesung, Braunschweig, 1982

/S10/ Stoer, J.: Einführung in die numerische Mathematik I u. II, Springer-Verlag, Berlin, 1978/79

/V1/ Vollstedt, W.; Weh, H.: Analyse eines elektromechanischen Systems nach einer Energiemethode, Archiv für Elektrotechnik 60 (1978) S. 47-54

/W1/ Wahrburg, J.: Steuerung von Industrierobotern und Manipulatoren durch ein hierarchisch strukturiertes Mehrebenen-Mikrorechnersystem, VDI-Verlag, Düsseldorf, 1985

/W2/ Waschatz, U.: Adaptive Regelung elektrischer Antriebe mit Hilfe von Mikrorechnern, Dissertation, TU Braunschweig, 1984

/W3/ Weihrich, G.: Drehzahlregelung von Gleichstromantrieben unter Verwendung eines Zustands- und Störbeobachters, Regelungstechnik 26, S. 349ff, 1978

/W4/ Wetzel, W.: Doppelprozessorkarte mit TMS 99105 und TMS 32010, Diplomarb., Inst. f. Regelungst., TU Braunschweig 1984

/Z1/ Zurmühl, R.: Praktische Mathematik, Springer-Verlag, Berlin, 1965

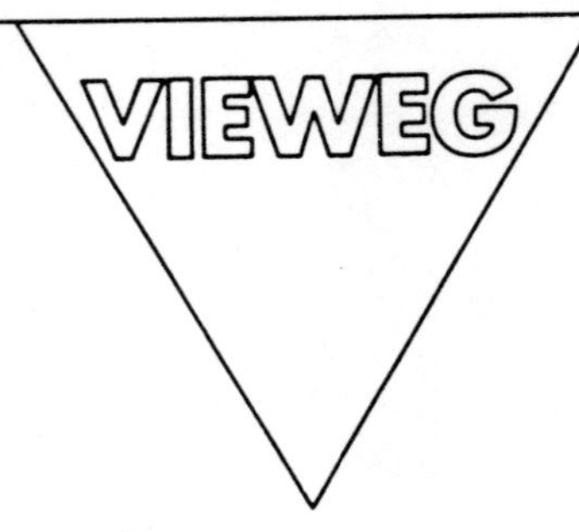


Horst H. Raab

**Handbuch Industrieroboter**

Bauweise, Programmierung, Anwendung, Wirtschaftlichkeit.

*2., neubearbeitete und erweiterte Auflage 1986. X, 469 Seiten mit 328 Abbildungen und 293 maßstabsgerechten Arbeitsräumen. 17 x 24,5 cm. Gebunden.*

Inhalt: Definitionen – Gründe für den Einsatz von Industrierobotern – Aufbau von Industrierobotern – Anwendung freiprogrammierbarer Manipulatoren – Programmierung von Industrierobotern – Erfahrungen bei Einführung und Einsatz von Industrierobotern – Wirtschaftlichkeitsvergleiche mittels EDVA – Ausblick – Tabellenanhang.

Das Handbuch stellt eine umfassende Datensammlung auf dem Gebiet der Industrieroboter dar. Sie sind leicht auf andere Arbeiten umrüstbar und werden in zunehmendem Maße in der Fertigung eingesetzt. Dazu hat nicht unwesentlich die Innovation auf den Gebieten der Elektroantriebe, der Mikroprozessoren sowie der elektronischen Steuerungstechniken beigetragen. Das Buch behandelt zunächst die Gründe für die Automatisierung mit Industrierobotern. Anhand zahlreicher Bilder und Tabellen werden die einzelnen Bauteile und Fabrikate sowie Einsatzplanung, Programmierung und Anwendung dieser flexiblen Handhabungsgeräte erläutert. Die Wirtschaftlichkeit von Industrierobotern wird über ein Programm auf einer elektronischen Datenverarbeitungsanlage mit anschaulichen Kurvenvergleichen nachgewiesen. Ein umfangreicher Tabellenanhang bildet den Abschluß des Buches und bietet sowohl dem kundigen Fachmann als auch einem möglichen künftigen Anwender eine Zusammenfassung aller bekannten Fakten auf engstem Raume.